生活·讀書·新知 三联书店 生活書店 出版有限公司

# 极简生活

## 为幸福腾出空间

[英] 黄嘉雯（Regina Wong）著 李恒睿 更生 译

图书在版编目（CIP）数据

极简生活 : 为幸福腾出空间 / (英) 黄嘉雯 (Regina Wong) 著 ; 李恒睿 , 更生译 . -- 北京 : 生活书店出版有限公司 , 2020.1
ISBN 978-7-80768-259-2

Ⅰ . ①极… Ⅱ . ①黄… ②李… ③更… Ⅲ . ①人生哲学—通俗读物 Ⅳ . ① B821-49

中国版本图书馆 CIP 数据核字 (2018) 第 167937 号

责任编辑 苏 毅
装帧设计 罗 洪
责任印制 常宁强
出版发行 生活書店出版有限公司
（北京市东城区美术馆东街22号）
邮 编 100010
经 销 新华书店
印 刷 北京顶佳世纪印刷有限公司
图 字 01-2018-4948
版 次 2020年1月北京第1版
2020年1月北京第1次印刷
开 本 880 毫米 × 1230 毫米 1/32 印张 6.5
印 数 0,001-6,000 册
字 数 65 千字 图14幅
定 价 45.00 元
（印装查询：010-64052612； 邮购查询：010-84010542）

献给蕾切尔和我的母亲，

还有所有对构成我的幸福不可或缺的人。

# 目 录

# 中文版序

很荣幸，能够在此和中国读者分享《极简生活：为幸福腾出空间》。这本书在欧洲、美国、日本已收获肯定与称赞，它在中国的出版，出于两方面原因而变得更加有意义。一方面是，许多年前我的祖父母离开中国，远赴海外，如今，这本书可以视作一种“回归”的象征。另一方面，也是更重要的，经历数十年来高速经济发展与金融增长，中国正处在一个特定节点，有关人格同一性与真实性、自我价值实现、人生的目的与意义、（物质因素以外的）有质量的生活，这类议题和关注点，越来越具有其谈论价值和行为动力，正变得日益重要、普遍相关。

当“多多”被标签化为“益善”，当“更大”被认为是“更好”，存在于简单朴素中的美好，反而被忽略甚至被嘲笑了。在中国，与繁荣兴盛、经济强国地位相伴而来的，是对于财富的追逐，是消费活动在社会中占据统治地位，这些着实让人迷恋沉醉。但永远都会有比之前更多、更大、更好的事物出现，这个过程永无止境。但是，然后呢？

极简主义绝不意味着“将就凑合”或者“短缺匮乏”，而是把注意力放在那些对我们而言至关重要的事物，那些我们所珍视、能为我们带来快乐和意义的事情上。它是关于拥有更少也更好、更多也更要紧的东西。

极简主义是这样一种生活方式，不仅事关我们身边的所有物，还包括我们的情感、意识以及财务状况。它并非要把我们带往某个终点，而是一场自我发现之旅，围绕我们变化中的需求及生活方式而不断调整，旨在增强我们的生命体验。

感谢出于好奇心和勇气而翻开这本书的你，衷心希望你感受到激励而走得更远，发现“更少也更好”的美妙之处。说到底，这不仅仅是关于拥有更少的物品，还更多涉及为我们的真我、为我们生命中的光亮与满足而腾出空间。

向更快乐也更简约的生活致敬！

黄嘉雯

Regina Wong

# 前 言

大部分书籍都与“更多”有关——教我们拥有更多、做得更多，而本书则与“更少”有关——讲述一个人在拥有更少的大前提下，如何活得更丰盛、更美好。也就是说，我们要拥有少而适当的东西。这里讨论的，是极简主义将如何改造你的生活，如何帮助你将生活善加利用。这本书不仅仅跟摆脱乱块（对于杂乱无章的东西，我们将统称为“乱块”）有关，它还涉及如何改变内在的心态，从而以一个崭新的角度看待人生。这是一本将彻头彻尾地改变生活的指南。

此时此刻，你正在翻阅此书也表明了一种期待——得到更多快乐，拥有更多精神与情感上的好状态，怀有更清晰的人生目标，以及收获更大满足感。但满足这些需求的方法，却与我们的惯有观念恰恰相反——它并不意味着要为生命添加更多，而在于要为之做得更少。大部分人都习惯性地认为，为了变得更快乐，或者说让此生过得尽可能接近完美，必须拥有更多金钱、更多财产、更多生活用具、更多朋友、更大的房子和汽车、更高的职位……然后，任由这张“越大越好”的清单没完没了地详列下去。

倘若这是真的，我们谈论的便只会剩下金钱和消费了。我们会为新一轮的销售推广翘首企盼，为“购物疗法”吟唱凯歌。这些行为的确会让人狂欢一下，但很快，空虚感和不满足感又会再度光临。我们会再一次翘首企盼，认为唯有拥有更多才是通往幸福的不二法门。这个圆圈不断循环——欢乐的时刻变得稍纵即逝，我们需要依赖更多的物质去维持这种兴奋的感觉，以感到惬意和满足。

我们的祖父母那一代相对拥有更少，也负债更少。跟他们相比，现在的我们虽然拥有更充裕的财富、更丰盛的物质和更多的选择，但我们并没有更快乐。我们看到的，并不是幸福的提升，而是信用卡债务累积得越来越多，而自助仓库——囤积我们不假思索地买下的东西的地方——则越发随处可见。

“跟祖父母一辈比起来，今时今日的年轻人的成长环境相当富裕，但幸福程度却不免逊色，罹患抑郁症和形形色色社会病的危险也相对更大。”《幸福人士的财富、朋友与信念》一文的作者，霍普学院心理学家戴维·迈尔斯博士这样写道，该文章被刊登在《美国心理学家》第55期上。他得出结论：“我们的幸福程度并没有随着过去四十年来越来越富裕的生活而提升一星半点儿。”

生命短暂而珍贵，怎能冀望于效果有限的速效疗法？我们需要解药，而不是胶布。只有全方位的、长效的解决方案，才能从根本上契合我们的每日所需。极简主义正是答案所在。

极简主义并不意味着匮乏，而是一件乐事。它教人摒弃多余和非必要的东西，把必要之物筛选出来。它让我们把注意力放在那些能够为生命带来欢乐、价值和目标的事物上，从而让我们获得最大程度的满足感。在这本书里，我们不仅会涉及物质层面上的乱块清理，还会深入精神与情绪的领域，探讨如何在这些方面作出改善。我们会关注如何在心智与观念层面成就改变，缔造新的习惯，从整体上为生命赋予积极的变化。

## 关于我自己

为什么我会说极简主义奏效？围绕极简主义与简约生活的主题，我有一个挺受欢迎的博客，名为“Simple and Minimal”（简约与极简）。我同时在经营着几家自己的企业，包括一个运用极简主义帮助别人活得更快乐更完满的网站“Live Well With Less”（少而丰富）。除此以外，我还会带领极简主义者的伦敦聚会小组，通过各式各样的活动，为那些初识极简主义和已经成为极简主义者的人提供支持，让大家借此认识更多的同路人。

在我前半段的人生中，我也曾被成功所召唤，在消费主义的驱动下，一路奔忙，但那时候的我没有收获多大的快乐与满足。极简主义改变了我的人生，而我相信，它也能够改变你的生活。

大学毕业后，我在电信行业内以企业斗士的姿态打拼多年。在返回英国之前，我曾经在亚洲和美国任职。刚开始的时候，职业生涯为我带来的金钱和荣耀给予我前所未有的喜悦和购买力。每当我感到失落或有压力时，我所需要的，便是向消费寻求治疗。曾经有那么个时候，我看上了一件衣服却不知道应该选哪个颜色，我会索性把所有颜色统统买下来。（现在光是这样想，就会让我局促不安！）日子一天天过去，我工作越发勤奋，出差的频率越来越密集，赚取的工资也越来越丰厚。但随之而来的是，我开始感到空虚，越来越不开心，压力感与日俱增，脾气越来越飘忽不定。周末对我的意义也变得越来越神圣，因为那两天是唯一能够让我感到愉快，觉得自己仍然有能力驾驭自己人生的时候。我会利用周末两天做我真正想做的事，比如在我喜爱的书店里看书，买下一些平常挤不出时间来阅读的书。总的来说一周七天里，只有两天，我感到自己是真正地活着。

我并不快乐。

在最黑暗的时候我发现，生命中本来就存在着众多选择。我根本不需要去做一份让我感到厌倦，而且跟我的价值观和爱好背道而驰的工作。我大可以追逐自己的爱好，并且赖以为生。我不必那么战战兢兢地活着，盲目守候到退休的时候才开始真正去享受生活。我不需要那些让自己深陷于这样一种生活和工作模式中的东西，因为这样的生活和工作正在把我的喜悦、希望和能量吞噬殆尽。

不再亦步亦趋、墨守成规，我只想由自己来定义我想要过的生活。我领悟到，遵循不一样的优先次序、作出不一样的选择、拥有更少，可以让我过上一种能够收获更多自由、更多欢乐、更多觉悟和满足的生活。可以说，我现在活得更“丰盛”了——同时，拥有得更少。倘若你的生活正伴随着“更多”，却对自己渴求的东西始终遍寻不果，何不转而怀抱“更少”，看看这样的生活能够带来什么？

获得真正幸福的不二法门，在于改变我们的生活模式。将其从不假思索地追求享乐，转化成坚持不懈地去丰富内在生活。我们要专注于成为更多，而不是单纯地拥有更多。

——池田大作

# 第 1 章　极简主义的核心

## 何谓极简主义？

看到“极简主义”这四个字，你第一时间会联想起什么？单调的衣服？了无生气的白色装饰？恬适的空间？极简主义涵盖了这些，甚至更多。它不仅是一种实在的物质层面的呈现，还与人的精神和情绪状态息息相关。要从极简主义中收获良多，我们就不能只从物质角度出发，而要从整体层面去看待它。

极简主义的关键在于重新评估生命中的优先次序，以剔除不会为生命赋予意义、非必要的东西（多余之物）——物品、观念、行为、习惯、关系、活动——然后把注意力重新放在会带来意义的东西上。

极简主义的定义和实践方式是个人化、因人而异的，并没有一套标准去界定你是否是一位极简主义者。你不需要拥有特定数量的财产、住在特定的空间，或是套用某个特定的生活模式以成为极简主义者。它从来没有一系列条律严明的准则。世上没有哪两个极简主义者是一模一样的，但他们却拥有一致的目标。而将极简主义者联系起来、为之定义的，是一套彼此共享的信念、精神特质和生活模式。对于我来说，它包含了以下特点：

- 只保留为生命增添快乐、价值、目标和自由的东西，摒弃其他非必要的。这包括了物质上的（例如衣服、文件）和非物质的东西（例如负面关系、忧虑和压力，以及不具生产力的习惯和不重要的承诺）
- 关注那些无法与生活分割开的事物，不去懊恼活着的时候所拥有的如此寥寥。简约生活理应是享受，而不会感到被剥夺
- 对身边的人、事、物，对经历和处境更加关注和敏感，更有意识、更有主动性、更有热情地去生活

在个人层面上，极简主义的原意可用一个瑞典语单词

*Lagom*完美地勾勒出来，它的意思是“足够、充分、适中、恰到好处”。这个词可以同时被翻译成“有节制的”“平衡的”“完全简朴”和“适合”。你要留意，定义当中并没有指向因不充足而造成了匮乏，或因过分消耗而造成了多余。极简主义就像把茶斟到杯子里，太少的茶不能满足解渴之需，太多的茶则会溢出杯子，需要花费额外的时间和劳力去清理。

关于极简和简约的一个常见错误观点是，当你拥有很少或是一无所有，你就是在过着一种极简主义者的生活了。有些人会说：“我没有尝过腰缠万贯的滋味，更不曾拥有过数不胜数的财物，所以我想，我也是一个极简主义者吧！”这样的说法或许不错，但跟财物匮乏和拥有得微少相比起来，极简主义更关乎一个人是否刻意及自觉地实践这样的生活。极简主义是一种自觉的选择，而不是强加于任何人身上的观念。

极简主义的核心是意图，而不是物质。有些人可能基于个人生活方式和实际需要，只拥有屈指可数的东西；另一些人可能觉得，他们书架上的300多本书为他们提供了莫大的欢乐和启发。如果你是爱书之人，要你丢弃所有的书可能会让你非常不愉快，而这正有违极简主义的核心原则。极简主义的真意在于，将注意力集中在能够为我们带来真正的欢乐和满足感的事物上。

从物质上和情感上而言，我们所拥有的那些非本质的东西所能提供给我们的，都是有限的。买下一幢价值10万美元的房子让我们格外欣喜，买下50万美元的房子却并不能带来5倍于前者的快乐。这归因于边际效用递减法则。某个限度之外，增加的收入和财产再也无法使我们的幸福水准产生与之相匹配的显著改变。实际上，很多事例让人们看到，这样一路走下去的结果距离幸福越来越远。同样，拥有得更少也并不意味着更少的满足感。拥有更少但非此莫属的事物，能让我们的生命倍感充盈。

跟生命中大部分渴望和努力一样，生命的最终目的或者说终点在于收获幸福。通往幸福的方向上有众多的路径和选择。通过清除生命中各个层面的乱块、过得简约一点儿、专注于重要的事物，可以帮助我们把前路看得更分明，以更短的时间获得幸福。极简主义侧重于喜悦和人生目标，它的核心是一种精神特质。它是一种帮助我们获得自由的工具——包括逃离巨大压抑的自由，从非必要的事务中解脱的自由，从消费文化、精神压力、情感障碍、负面关系、债务和无趣的追逐中跳脱开来的自由。它促生了实实在在的自由，鼓励我们去活出意想不到的人生。

适度，一个多与少之间的平衡点，其本质既不可被量化又深具个性、与个体紧密相连，此为极简主义的核心。

——佚名

## 极简主义如何改变你的人生?

极简主义与拥有更少，这样生活的意义，比单纯去除掉不必要的财产和物品要深远得多。因为大部分让我们牵挂一辈子、妨碍我们过上理想生活的因素并非都根源于物质。因此，这本书不仅仅跟丢弃物品有关，还需要我们考虑非物质的因素，为生活带来显著和根本性的改变，从而实现渴望的快乐和满足。非物质因素包括限制精神和情感的观念和障碍，譬如缺乏自信、对改变和失败的恐惧、压力、没有满足感的人际关系和工作、不良嗜好、金融债务等等，除此之外，还有其他一些阻挡我们把一生活到最淋漓尽致状态的“包袱”。

极简主义和少而丰盛的生活所注重的，是拥有更多有意义的东西和更少无意义的东西。它让我们腾出空间去追逐人生的目标和梦想，增加让我们去丰富生活和提升生活品质的选择。它为我们带来了喘息的空间、反省和思考的时间，以及力量和资源，使我们能够追求可以为生命增添价值的东西。

要判定什么才是生活必需的最佳办法，是去查看有哪些东西在生活中是不可或缺的。想要过理想中的生活、实现生命的潜能，我们必须反问自己：我想成为怎样的人，想在生命中成就些什么？不会为这些目标带来价值，或是无助于达成这些目标的，都是非必要的东西。本质上，我们是在去除所有不会助益于这个目标、不会使之增值的东西。通过拥有更少，我们把投放在必要事物上的力量用得更加精准，使负担变得越来越轻，最终才能拥有真正的自由。

自从实践极简主义生活方式以来，我的生活变得更丰富了，主要体现在以下方面：

- 能够享受真正的自由，很少有牵绊，甚至可以说牵绊完全不存在
- 变得更有方向感
- 拥有更少物品——只剩下了必需的、能为生活增添

价值和喜悦的东西

- 消费时更加审慎
- 完全没有负债
- 花销减少了
- 经历了个人成长
- 只做能够启发我、满足我的事情
- 追求我所热衷的
- 发掘生命的目的和使命
- 学会顺其自然
- 学会忘记过去、珍惜当下、着眼未来
- 更明智地分配时间和资源
- 专注于支持我和激励我的人际关系和活动
- 寻找回馈社会的方式

以下三点也让我对极简主义和它带来的益处越发着迷：

- 财产、信息和责任对我们的感知造成的负担，让我们越来越透不过气来
- 智能手机和电子阅读器这类先进的多功能科技设备，可以让我们不必再保有更多的物品

- 金融危机（例如发生在2008年的那一场）、自然灾害，以及其他对生活造成重大影响的事件，敦促我们不断调整自己的优先选项

**实践：**经由一种更为简单的生活，你想具体收获什么？可以列出五项。

问题：如何雕刻出一头大象？

答案：捡来一块石头，然后凿去所有让石头看起来不像大象的部分。

问题：如何创造自己所向往的人生？

答案：定义这一人生的样貌，然后拿掉所有与之相违背的东西……因为它们都无关痛痒。

——凯特·卡朋特

## 我可以成为极简主义者吗？

答案是："当然可以！"极简主义者可以来自各个年龄层，无论国籍和背景。对于这趟旅程而言，没有谁是太

年轻或太老而不合适的。我曾经想："我多希望能早点儿遇见极简主义啊！"但我最终得出的结论是，迟发现总比从来没有发现好。我也相信，生命中所有事物都有与其相应的时机。倘若你的头脑和心灵并没有为此而开放，就算这个观念已经摆在眼前了，你也无法接受它，或是面对它却感觉无所适从。我们都知道，如果强行灌输某个观念，这个观念不见得一定会见效或持久。所以，你拿起这本书的举动可能正预示着，你已经开放了头脑，整装待发，要看看极简主义可以如何改变你的人生。可以说，极简主义生活所伴随而来的平静和自由是显而易见的，也是难以置信的！去拥抱一种少而丰盛的生活，你是唯一需要对自己授权的人。

成为一个极简主义者，需要的是心态上和生活方式上的改变。物质上、精神上、情绪上的舍弃并不会让你自动成为极简主义者，那只是极简主义的结果。你需要做的，是相信并活出极简主义的核心所在。

当我们渴求简约的时候，我们并非在追随一种较为简单易过的生活。我们是在追随生活本身。

——戴夫·布鲁诺

## 小小的提醒

现在你或许已经知道，通往极简主义的道路，通常跟炫耀性消费的观念和生活方式，以及利用物质去彰显个人主张、身份和地位的做法背道而驰。一直以来，我们被周围的人、媒体、教育和既有经验灌输和影响，它们告诉我们，幸福是要通过持有更多才能实现——更多金钱、更多物品、更多朋友；我们的身份和地位是被我们所居住的房子、所开的汽车、所冠有的职位头衔、社交媒体上的关注者数量等等来加以定义。

所以，当我们开始以拥有更少的方式去过一种更愉快也更满足的生活的时候，可能会得到一些鼓励和支持，但更有可能会听到以下评论："你是不是有点儿不对劲儿？""你有经济困难？""你不能活得像个苦行僧呀……你没办法坚持下去的。"还有，"哦，那就是说我们再也不能一起逛街了吗？"通常还伴随着怪异的眼神和忧心忡忡的表情。我想，你是明白个中意味的。

除此以外，我也从众多极简主义实践者的口中得知，他们听到过的最恶劣的批评全都来自身边最接近最亲密的人。这大抵是因为，那些人才是真正需要与焕然一新的极简生活方式共存的人。尽管我已经成为一名极简主义者一段时间了，但还是会不时遭遇伴侣的冷眼和难以置信的目光。没错，如果身边的人对“少而丰盛的生活”这个概念不买账的话，这趟旅程是挺具挑战性的。我们虽不能强迫身边的人跟我们一样，但我们却能成为一个活生生的例子，让他们看到，拥有更少将如何帮助我们过一种更快乐和更有意义的生活。这是激发身边更多的人对极简主义产生兴趣，促使他们投入这一生活方式的最佳办法。

在踏上极简主义之旅以前，让我们看看，为什么大部分人到最后拥有的都比真正需要的多。

在这个千方百计要把你变得跟其他人一模一样的世界里，最大的挑战，就是做你自己。

——佚名

## 不趁当下，更待何时？

你的人生是否正处于徘徊停滞之中？你是在等待一个完美时刻，或是一件特别的事发生，才全情投入拥抱生活吗？你是要等到将来某个时刻才开始过你理想中的人生吗？当你已经赚到某个数目的钱、已经遇到了理想中的伴侣、得到了梦寐以求的工作，你还会每天疲于奔命，奢望着理想人生揭幕的一天来临吗？在你的人生能够真正展开以前，你已经等候多久了，你还愿意等多久？事实是，谁都永远无法成为一个完美的人，完美的境况也不一定会出现。我们所能做的，就是看看自己当下所拥有的，然后以此为基础，一步一步来建立理想中的人生。

想想看，遵行极简主义可以如何影响你的生活：

- 认清一些失真事实，它们或许正是外界所倡导的
- 拥有那些富有价值，并能为你带来喜悦的东西
- 辨别出那些阻碍你勇往直前的观念
- 认清牵绊着你的情绪
- 与那些能够启发你、支持你的人相处
- 体验一种自己意想不到的生活方式
- 带着目标、方向感、自由和热忱去生活
- 启发并鼓励别人去过拥有更少却更快乐的生活
- 你将能改善生活，为更多的快乐和满足感腾出更多空间来
- 你最终将能简化生命中几乎所有的领域，经历一种

在从前看来几乎不可能的生活方式

你或许觉得，现在还不是实践这样的生活方式的时候，也许在改换新方式之前，你想先把事情理出个头绪。其实，开始一件事的恰当时机永远都是当下——不以极简主义方式去生活，我们永远也无法真真正正、全情投入地去生活。

**实践：**上面列表中，哪些是最让你受启发和感到兴奋的？

所以，现在是什么阻止了你？

**实践：**是否有些理由，使你觉得采取极简主义生活方式比较困难，无法实践？

如果是这样，这些理由是什么？

你希望过更好生活的强烈愿望，是否也敦促你找出解决这些疑虑和障碍的方法？解决方案都有哪些呢？

当你正忙于制定其他方案的时候，生命正悄然绽放。

——艾伦·桑德斯，美国作家、记者、漫画家

# 第 2 章　在物质海洋里溺毙

## 我们正在被满坑满谷的东西淹没掉吗?

如果你正翻看这本书，你大概也觉得自己拥有的比真正需要的多。如果把多余的东西扔掉，将有可能为你开拓一个能够呼吸、创造、活得更加轻盈自由的空间。而你并不会孤军奋战的。当人们开始认真思考这个议题的时候，往往会发现自己所拥有的东西并非生命中举足轻重的，但却为它们赋予了不必要的额外意义。

詹姆斯·瓦尔曼在关于物质消费的《阴霾物布》一书中指出，我们被史无前例地告知，要牢牢地把握住物质。在百物稀缺的时代，物质欲望对人类而言存在着真切的生存利益。但在如今物质充裕的时代里，同样的物质欲望不但被继承了下来，而且还导致我们所有人几乎被自己消耗不完的物品埋没。据家居品牌“加州衣橱”的统计，人们平均仅穿着其衣服总量的20%。这在女性身上尤为显著，大部分衣服不被穿着的原因是，它们是被随意买下的，或者根本就不合身。而零售业恰恰是仰赖这种购物冲动才得以存活。如今，英国妇女平均每年会购买59件衣服，衣橱里的衣服数量是1980年的时候的两倍，这59件衣服里还包括了22件她们从来不会穿到身上的。其中大部分人都会或多或少地为过度消费而感到内疚。

加州大学洛杉矶分校的家庭日常生活中心进行了一项颇为有趣的大规模研究，有32个洛杉矶家庭参与其中。研究人员在这些人家的房子里看到了数量惊人的物品，还有为不同家庭活动预留的一系列场地空间和装饰品。

研究中的最小家居有980平方英尺[1]，光在两室一厅的空间里就有2 260件物品，而这仅仅是陈列在这些人类学家眼前的物件。研究规则是，被塞进抽屉里或放到橱柜里的东西统统不列入计算范围。其他住宅也同样拥挤。每个家庭平均有39双鞋子、90张DVD或录影带、139件玩具、

1 约合91平方米。

212张CD、438本书和杂志。每10个家庭里就有9个因为东西太多，而要把它们收藏到车库去。有四分之三的家庭因为车库东西堆得太多而连车子都没有地方停放。其中一个主要观察结论是，我们正活在一个“环球史上物质供应最充裕的社会里，家庭平均所拥有的物品数量，要比以往任何时期多上无数倍”。

当家中再也没有地方放下这些物件时，一些人于是开始求助于租储空间。美国现有23亿平方英尺[1]的租储空间。租用这些空间的人，有一半左右仅是为了存放家中没有地方存放的东西。而事实上，美国家庭的平均住房面积在过去50年里几乎增加了一倍，达到2 300平方英尺[2]。令人感到悲哀的是，被堆放的绝大部分物品将无一例外地被无视、不再使用，最终被遗忘。

你所占有的，终将占有你。

——恰克·帕拉尼克，《搏击俱乐部》作者

1 约合2.1亿平方米。

2 约合213平方米。

## 为何拥有的比真正需要的多？

大部分人拥有的可能比实际需要的更多——这是现今由消费主义主导的社会的常态。在个人层面上，我们拥有的物品和财产被认为能够为我们提供快乐和满足感，有时候还能带来舒适和安全感。于是，我们堆积汇集，默默消耗，务求通过得到更多而变得更快乐。如果事实果真如此，那么为何许多研究结果也反映了，在收入更丰厚、物质更丰裕的时代里，我们作为一个社会群体却比几十年前更不快乐？

我们一厢情愿地相信，拥有更多便会更快乐。这个信念让我们普遍变得更沮丧，还导致我们以各自的方式负债累累。我们都向往更完满的人生，但跟“更大”“更好”“更多”如影相随的，往往是形形色色的包袱和价格标签，使得我们最终换来了一幢内部堆积如山的房子、被平凡乏味的工作捆绑的日子、填满了承诺和义务的日程表，以及一个债台高筑的人生。我们的期望往往是无穷无尽的，所以要满足它们可以是一场永无止境的追逐。现代生活的一大讽刺是，我们拥有太多，却同时也拥有得太少。

另一个导致过度消费和过分占有的主要驱动因素是，

我们都被引导着相信，我们的身份和价值是要用自己拥有的东西来加以定义的。我们的身份、地位和成功程度往往跟房子大小、坐驾品牌和名牌服饰等等扯上关系。我们也不知不觉地会主动用自己拥有的东西去彰显自己的身份和成就。

但我们一般只穿戴自己20%的衣履，另外的80%大概是为了要满足我们当初的一时冲动而被买下来的。这些物品让我们觉得自己紧贴潮流，显得没那么匮乏。但正因为我们要坚持不懈地跟上潮流，所以这样的购物需求只会永无休止地持续下去。

在社会层面，过度消费可能是我们为振兴经济奉献一己之力的无意识之举。许多国家仍然推行着号召国民卖力消费、带领国家走出经济阴霾的政策。作为号召力量的一部分，广告媒体一边倒地连环轰炸消费者：购物可以让你成为更好的人，还能帮助你买到更优质的生活。

而最终的结果是，我们得到比我们的实际需要多得多的东西。我们也为了要保持簇新的外表和维持一贯的“生活水准”，而必须承受更大的工作压力去购买这些东西。最终的情形变成了：由我们去“服侍”这些东西，而不是理所当然地让这些东西来服务于我们。我们挥霍了一生中的

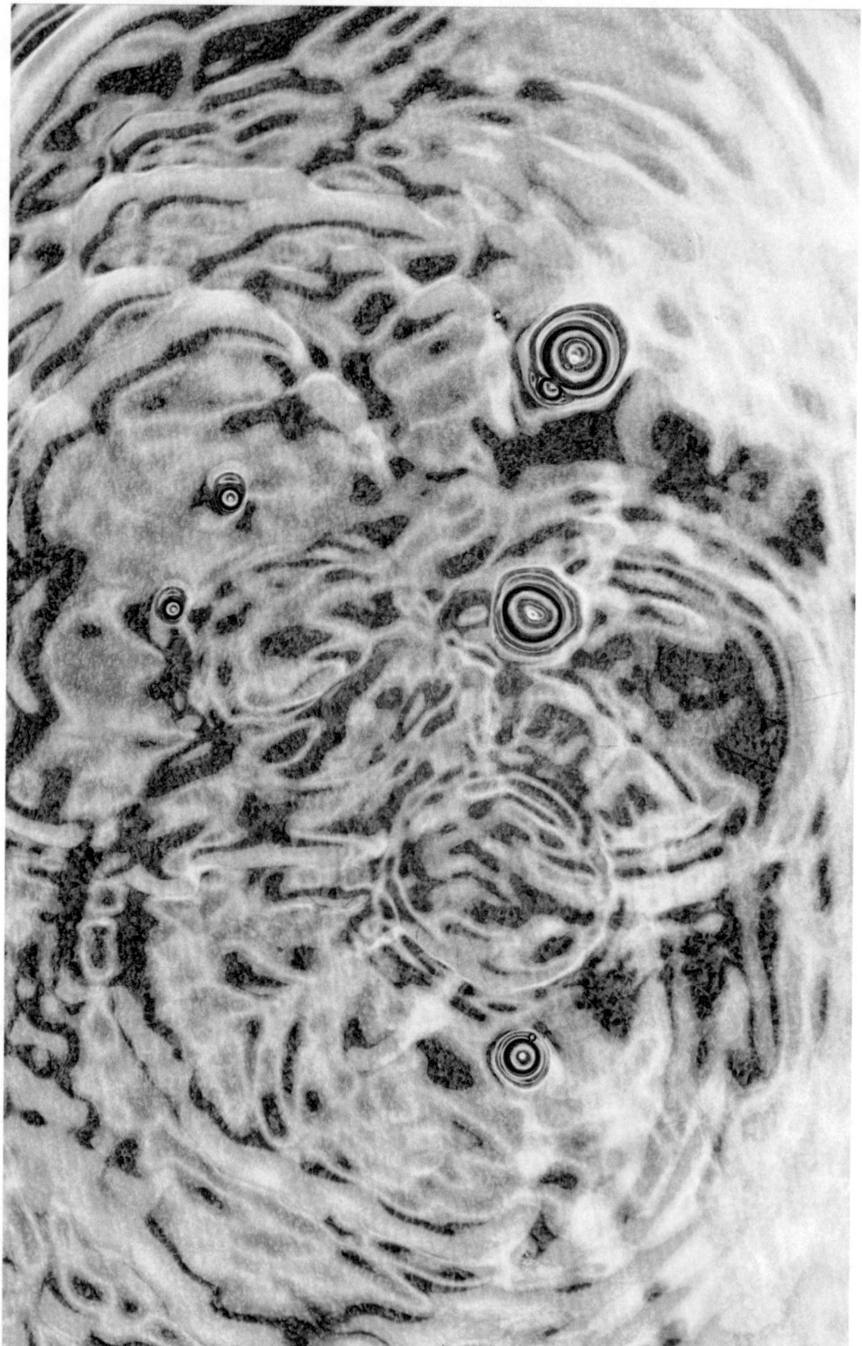

大部分光阴在不喜欢的工作上，只为了要买东西去打动平常没有时间去关照的人。这也难怪，会有那么多人陷入不愉快和抑郁的境地。

我撰写此书的目的，是想在“美好生活”和“美国梦”模式以外提出一种新的选择。我们可以不再有那么多的乱块和压力，而是怀着更多的快乐和满足感去过更完满的生活。我们可以从过度消费的生活方式，转移到只注重富有价值和必要性的事物的策划性生活方式。我们可以从“越大越好”的心态改变为尝试*Lagom*（或者说“恰到好处”）。我们可以让步履匆匆的高压生活放缓，去更从容地欣赏周遭的人和事物，把资源投放到我们热衷的事情和意义非凡的关系上来。

拥有与消费并无不妥。问题是，我们往往会不假思索地将过多的意义附加于我们所拥有的东西。

乱块会造成一团糟，这样的乱七八糟是恒常的骚扰和麻烦（试想一下，为了要好好吃一顿饭而不得不先在凌乱的餐桌上清理出空间吧）。它会让我们觉得泄气、压抑、喘不过气，觉得所有的精力跟时间都被统统剥夺净尽。要恢复我们理应要过的生活，我们必须检视自己的消费观，在物质上和其他方面一并清理与乱块的关系。

**实践：**你身边是否有许多东西超出了你实际所需？囤积了这么多物品的原因是什么呢？

想想看，你是不是赋予了这些东西以过多的意义？

你的身份和价值在很大程度上被它们所定义吗？

这些额外的物品是否多到让你感到焦虑？

乱块是立在你与你的理想生活之间的障碍。

——彼得·沃尔什

# 第 3 章　清理乱块的艺术

## 家，是什么?

在我们投身到实际的简化和去除乱块行动之前，先回答几个问题。家，对你来说是什么，它的作用是什么？那只是一个遮风挡雨、睡觉、梳洗整理的地方，还是包含了更多意义？又或者，它是一个让你跟所爱的人相处、让你找到灵感、寻求庇护和安慰，能够让你毫无顾虑地做自己的地方？

家给你怎样的感觉？是一个拥有充足光线，有足够空间去容纳家具和物品的地方吗？是会让你感到无忧无虑、舒适惬意，让你下班后迫不及待地回去，让你想宴请亲朋的地方吗？

我们对构建一个家所需要具备的条件的理解各不相同。除了一般的基本要求，像洁净度、足够迎合需求的空间以外，每个人对自己理想中的家居都有着截然不同的品味和需求。

## 形象化你的理想空间和生活方式

你能够形象化你梦寐以求的空间和在这个空间里的活动吗？去写下能够缔造你的理想空间的要求、条件和质量吧。这个空间里要有什么家具？布局是怎样的？家具的颜色呢？在这里，你会最享受做什么——阅读、聆听你喜欢的音乐，还是默想？你期待迎来怎样的感受——是快乐、安详、轻松和舒适吗？

## 为何要清理乱块？

现在看看你所居住的空间。你享受置身其中的感受吗？如果你的答案是“不享受”，那么你便有了充分的理由去简化这个空间和清理当中的乱块了。清理乱块的最终目的，是要让自己在居住环境中获得快乐和平静。

你可能会问，清除物质上的乱块是首要，而且是唯一一个能够带给我快乐、满足、平静和更少压力的途径吗？答案是“不”。然而在这本书里，我会先从清理物质上的乱块来开始我们的极简主义旅程。原因如下。首先，物品是最清晰可见的——当它们被清走或是重新整理过后，改变是一目了然的。故此，对于刚刚接触极简主义的新手来说，清理物质乱块是最容易而且最令人鼓舞的活动。

其次，一旦物质乱块被清理好了，腾出的空间被擦干净了，你会马上感到触手可及的自由、宁静和解放感。在新清理好的屋子里，我们会有更多的空间用来呼吸、思考和反省。我们可以聆听内在的自己，探寻生活和自由成长的最佳方式，从而收获快乐和轻盈感。

**实践：**借助家居杂志或Pinterest网站，搜集一些令你向往的室内空间的图片，发现一些可以让你感到愉悦、宁静和舒适的居所。把这些图片保存下来，当乱块困扰出现时，让这些美好的场景来启发和激励你。

不要让你的家里出现任何你不知有何用处或仅仅感觉好看的东西。

——威廉·莫里斯

## 让能量流动

天地气合，万物自生。所有事物与生俱来都伴随着一股力量。在中国哲学里，这股生生不息的力量被称作“气”。“气”要流通，才能让万物生存、成长和繁衍。情感障碍和物理空间上的障碍阻塞了气的流动，导致健康不佳、毫无生气。这会影响到一个人的成长和生命质量。

中国人传统上有着“风水”的讲究与做法。“风水”从字面上可以简单地解释为“风和水”，其大意是要去确保物件的实际摆放位置不会堵塞这两种元素及其能量在比喻层面上的流动。

只有当这股能量畅通无阻地流动，它才能使你的活力持续蓬勃，并且开辟空间让身处其中的人得以成长。通过在精神上、情绪上和物质层面将非必要的东西摆脱掉，不仅跟能量的流动息息相关，更有利于让丰盛的能量、新机遇还有无穷的潜力在生命中流动。

能量的根本是流动，流动是生命的别称。

——班娜莉·雷

## 如何清理乱块

物质上的乱块清理是一项相当简单直接的活动。简而言之，我们只需要问自己：应该要保留还是丢弃一样东西。其中最主要的挑战来自我们放手抛弃的那一刻所伴随的情感纠结。当凝视一样物品的时候，我们会联想到它的实用价值、金钱价值、功能、附带的资讯，以及情感和纪念价值。要做到有效地清理，我们需要问自己几个关键问题，以打破一样物品附着在我们身上的情感纠结。

### 要先丢弃

清理乱块的第一步必须从丢弃开始。不包括丢弃的乱块清理只能说是一场有组织的囤积。我们不是要问自己需不需要、想不想要一样东西，我们应该要问自己，这件东西能够触发我的喜悦吗？这样提问会让我们的整理来得更轻而易举，还会更直截了当和行之有效。比方说，假如我们有一件以前常穿的衣服，而我们想再次穿上它。那么“我需要它吗？我想要它吗？”这个问题的答案往往会是：“想呀，当碰到合适的场合，或者将来我变瘦了的时候就会再穿上它了……”于是，我们也往往会惯性地把这件东西保留下来。但是，如果我们反过来问“它会让我感觉到喜悦吗”，那么“会”便意味着我们会保留它，而“不会”则意味着我们应当把它丢掉或是转送出去了。

不光是要清理，还要丢弃。

——乔舒亚·贝克尔

## 把乱块一次性清理干净

一场成功有效的乱块清理，关键在于要按部就班和一次性完成的干劲儿，时间最好不要超过三个月。乱块清理的进度取决于你的个人动机和处境。但越是尽快尽早地把乱块清理好，成效往往会越好越显著。整理的目的，是要在物理空间做出一个极短时间内的重大改造，好在情感上和心态上带来一个彻底的改变，而慢条斯理的整理是无法达成这个转化的。

当你在彻底清理个人物品和空间里的乱块的时候，其实你同时是在改造你所在的空间——既是在物理层面，也是在精神上和情感上。身边环境的变化影响强大，会让你仿佛置身于一个焕然一新的世界。这样的改变无可置疑地会在精神、心理和实际行动上影响你。平和、轻盈、自由、满足、成就和兴奋的感受会让你不愿再回到过去那杂乱无章的生活中。这个改变还会激励你去维持这一崭新的生活方式，让你不再回头做那个乱糟糟的自己。

我自己的上一次家居“乱块大清理”已过去数年之久，还记得当时花费了两天一夜的时间。是的，那次我真的干劲儿十足，就算要一夜不眠不休，我也一心想要尽快完成这项任务。

在清理完毕的当下，那种自由、轻松、满足，以及对未来焕然一新的生活的亢奋和期待，直到今时今日还历历在目。我觉得，我终于成功地从那些不必要、不想拥有、不自觉地让我感到沮丧的东西当中得到解脱了；而我现在可以自由自在地去创作，过一种能够自我启发、自我满足的生活。

一旦拥有了一个井然有序的处所，你将会体验到整个生命在产生变化：你将会享受到更宽阔的空间、更大的自由和能量、更充足的动力和自信，并由此缔造和活出一种你想要的生活。生活空间上的这样一个深入而重大的改造，同时能让你的生活方式和视野产生深刻的变化。要记住，我们在这趟极简主义旅程中，是要为生活追求一场彻头彻尾的改造。

你可以把任何乱七八糟的东西都转化成M.E.S.S.——极简（Minimal），易打理（Easy to take care of），易用（Simple to use），无压力（Stress free）。

——凯特·卡朋特

## 分门别类整理

我们一旦决定要以最短的时间去清理乱块，那么下一步便是计划从哪里开始动手了。把各个类别中的东西数量弄清楚是最重要的。举例说，我们可以将物品分类为衣服、书本和厨具。那么我们在整理的时候，便能够将同一类别的东西作为一个整体来看待，从而明确我们所拥有的数量，然后决定哪些应保存哪些应丢弃。大多数人会把衣服和书本放在家中不同的房间里，有鉴于此，我们分门别类地去整理不但能让整理过程更容易有效，还可以让我们做到对其数量心中有数，确切地知道实际所需，避免重复。

当我动手整理的时候，我是逐个房间进行的。因为我一向都把某一类别的东西放置在同一个地方，而不是把它们随手放在各个房间。对于大多数人来说，他们往往会把厨具放在厨房，但其他东西，像书本，却会在各个房间里出现。所以，按照类别去整理，会比按照不同房间去整理更恰当。

基本上，家居物品按种类划分主要有衣服、书本、唱片、厨具、洗浴用品、纸张和资料、装饰品、家具，还有富有纪念价值的东西。我们应该先从日常用品开始——例如衣服和厨具，继而再整理那些包含情感成分的物品——例如附带纪念价值的东西和家传之宝。

这样一来，我们可以一边实施整理，一边练习着问问自己："这件东西能够带来价值，或是帮助我达成目的吗？"顺便提升了作保留或丢弃决定的决断力，还能够让整理过程更为迅速有效。相反，如果先从含有情感成分的东西开始，那么整个整理过程不但会变得艰巨、充满挑战，还有可能会半途而废。

在乱块整理过程揭开序幕之际，记得为自己订下一张时间表。接下来就尽快把它完成吧，只有这样才能让自己受益于空间改造的热忱。

然后，从头至尾地拟定需要应对的类别次序。就每一件东西询问自己“价值与目的”的问题，再去决定要保留还是丢弃。最后，在把决定保留下来的东西井然有序地摆放回去以前，记得先把空间清空并打扫干净。

在整理乱块的过程中，不免会碰到一些让我们实在作不了决定的东西。我会建议你把那些东西放到盒子里，标记下当天的日期。假如你在三到六个月内都没有再去碰过它，那将意味着你其实并不需要而且根本不惦记它。所以干脆扔掉它们吧，或是把它们送给能够从中找到更多价值的人吧。

让物品和空间保持整洁，不仅可以塑造出一个令人心旷神怡的处所，还能设立一个维持这种整洁面貌的准则。一旦体验到干净整洁的空间所带来的悦目感与平和静穆之后，你很可能不会再想回到之前那个“一团糟”的生活里头了。不仅如此，一个干净整洁的空间能让我们真切地看到自己真正拥有、需要以及会经常使用的东西，帮助我们不再继续堆积和制造凌乱。

总之，在清理乱块、对室内进行极简化处理的时候，我们必须常常问自己下面这些问题。

**这个东西／观念／行为／习惯／情绪／关系／活动／承**

诺……能为我的生活带来更多价值或喜悦吗？

它能有助于达成什么目的吗？肯定的回答意味着保留；否定的回答意味着摒弃。

**实践：**钱包、手袋乱块整理

在你开始动手“乱块大清理”之前，一个有效的方式是先从小处着手，并由此体验一下这样做的感受。

你的钱包、皮夹、手袋可以是个好的开始：这些都是平日里经常使用的东西，虽然小，但肯定会积存一些没用的垃圾。绝大多数人的钱包、皮夹和手袋都鼓鼓囊囊地塞满了有用的、没用的，以及“莫名其妙的玩意儿”（例如快要融化的半块巧克力糖）。

首先，把钱包、皮夹、手袋里的东西统统倒出来。检查每一样，问问自己，它们是否还能为你增加价值，或帮你实现目的。可能最重要的就是现金、借记卡、信用卡，以及身份证、驾驶证和钥匙了。接下来，把其他东西归入“保留”“可能保留，或放入其他保管处”“丢弃”几堆里。

需要注意的是，我们并不是只关注所持有物品的价值和用处，我们还需留意数量。例如，我们很多人都有好几张卡：信用卡、会员卡、贵宾卡等等。考虑一下，你是否需要把它们全都放进钱包里。它们很重要吗？你多久才会用上一次？在小小一方空间里，我们不仅仅是在整理乱块，更是在整理身边的所有物，以求符合我们的真实需要。

把你决定保留的东西连同钱包、皮夹、手袋一并清洁好，然后把这些小物件整齐有序地一一放回其中。

如果你有不止一个手袋，那么一个整齐有序的手袋则有助于你把其中的零碎物品方便快捷地转移到另一个里面。拿起就走，完全不用担心会少了什么必需的东西。

感觉到你的钱包、皮夹、手袋变轻变薄了吗？肯定是这样！感觉怎么样？是不是觉得连自己都变得更好、更轻松了！

另一个驱逐乱块的简单练习是清理任意垃圾（例如，垃圾邮件，已经坏了的或没用的物品），大堆同类物品（例如，抽屉里大把大把的笔）。

## 准备好了吗？让我们开始吧……

**衣服。**我们大部分人拥有的衣服比真正需要的多。调研数据表明，我们经常穿的衣服只占全部数量的30%。衣服被搁到一边，原因有几个，即兴消费、大减价（其实，如果衣服打五折的时候你不买，你可以省下的是100%

啊)、为了紧贴潮流，或是它们已经不再合穿。我们更应该让我们对服装的需求去配合我们的生活方式和喜好，而不是被潮流牵着鼻子走，任由潮流宣布我们应该穿什么衣服。只有让人感觉穿起来轻松自在的衣服才能让我们显得更好看。

有时候会有那么一些鬼使神差的想法，让人想把衣服继续存起来，比如，万一有一天减肥成功了，那么我就能再穿这件衣服了，或者，万一有一天遇到特别的场合，这件衣服就能大派用场了。其实你我都心知肚明的是，“那一天”来临的机会微乎其微。所以，去活在当下，穿起现在最适合你的衣服吧。当“那一天”真的来临了，应该做的是去买一条比原来还要小两号的裤子好好奖励自己一下。

当整理自己的衣橱的时候，我早已离开了企业界职场，但要丢弃所有的西服套装我可是很不情愿的。我忍不住想，只要有一天我重返工作岗位，我还会让它们“重新服役”。但转念一想，“我不大可能会重新投身一个需要穿西服套装上班的工作环境，就算我想，我也很可能去买新的。而且，把这些衣服转送给那些可以在它们身上找到更大价值的人，才更有意义”。于是，它们便被送进慈善商店的衣物堆里去了。

对于衣服，我的观点是，应当拥有更少但品质更好的，也就是说，重质不重量。一个挂满经常穿到身上的心爱衣服的衣橱是非常值得被拥有的，因为每一件衣服都是我们最喜爱的。

如果可能，我们应该抛开当下的潮流，投资在一些制作精良、端庄好看的衣服上。那些精工细作、不会穿几次便分崩离析、并非出自报酬微薄的工人手上的衣服是明智的选择。因为我们最终得到的，会是一个空间更宽敞、完完全全度身定造的衣橱，完全不用我们耗费太多时间去决定“今天该穿什么好”。当廉价购衣的甜头被忘得一干二净之后，低质量带来的久久不散的折腾滋味值得被牢牢记住。

**书本。**我对书可谓爱不释手。作为一个书虫、一个常常在书店溜达的人以及前图书业务经营者，我拥有数百本藏书，即使经过乱块大清理以后，我还是拥有相当数量的书籍。我从他人——尤其是跟我交流过的爱书之人——还有自己的亲身经历中得知，整理书本是整个乱块清理练习中最艰巨的挑战。

书本会不知不觉地堆叠起来，是因为我们购买的速度要比阅读速度快。当我们打开一本书，如果内容引人入胜或是准备日后再读一遍，我们会倾向于把书保存下来。但

到底经过多久之后才会重读一本书？在大部分情况下，也只有屈指可数的几本著作能叫人重新翻阅，那些才是值得被保留下来的。有好些书被我送进了慈善商店的售卖堆，因为我发现我大概不会挤出时间，或是有兴致去把它们重读一遍，而且，还有很多新书在等着我去翻阅呢。

还没读过的书则有点儿难对付。我们常常会跟自己说，以后有时间我就会读了，所以它们当然应该被保留下来。我们偶尔的确会做得到，但我的个人经验却验证了，当中大部分书最终都不会被翻开。我们总是不停地买新书回家，而我们的兴致往往会跟这些新成员擦肩而过。由此可见，你买书的那一刻才是再好不过的开卷时机！

所以对于书来说，只保留你无比喜爱、会一读再读的著作吧。你可能会碰到那么几本想以后再读一遍，或将来有时间才拜读的书，但你要诚实面对自己，把这一类书维持在最低数量，然后把其余的捐出去或是扔掉吧。为了确保你的藏书量不会失控，你可以考虑好好利用图书馆，还有就是限制自己只购买在不久将来会读的书。

电子阅读器也有助于维持家中纸质书的数量。就我个人经验而言，以下的书我都会买电子版，包括小说类的那些我知道自己只会看一遍的书，还有非小说类的那些我喜爱的，并希望添加到Kindle上的书。而旅游指南和参考书都最适合随身携带，因为我可以轻松地翻开查看。对于参考书和旅游指南这些部头日趋庞大的书来说，持有电子版在实际使用中更为便捷，而且可以随时更新到最新版本。

就像其他随身物品一样，一组经历过乱块清理的藏书将带给你无穷的喜悦和轻松，因为现在书架上摆放的，全都是你所钟爱的还有会让你迫不及待想要拜读的书！

**音乐与其他影音资料。**音乐等影音资料跟书本相当类似，因为它们同样能在不知不觉中堆积成山。音乐跟书本的区别在于，我们常常会重复聆听不同的音乐作品，触动心灵的歌曲尤其让人留恋。在整理音乐收藏的时候，我们应该保留自己喜欢的，还有仍然会播放收听的音乐。

像衣服一样，我们也可能拥有曾经在音乐流行榜上风行一时，但现在已经不再令人心动的旧曲子。这些曲目应该被归入舍弃或是捐赠出去的一堆。科技进步意味着不用再通过购买CD或是录音带就能听到我们喜爱的歌曲了，现在我们已经可以通过网络上的流媒体或是直接下载，来随时随地聆听喜爱的曲目。这样的科技也帮助我们省下了更多空间。像网飞（Netflix）这样的影视剧集作品网络供应商的蓬勃发展，意味着我们不必再守着一大堆碟片才能欣赏好看的影视表演了。

**厨具。**厨具的数量应该符合你的所需和家居大小。如果家里只住着两个人，你们会用得上6套餐具和烹饪用具吗？另外，你家里的厨房电器是频繁使用的吗？你真的需要那台每年只用两次的面包机吗？厨房是重复冗余品潜藏的热门聚点儿——你的确需要两块奶酪擦板吗？

**洗浴用品。**男性处理这个类别要比女性容易得多，主要是因为大部分女性都需要大量的浴室用品和化妆品。整理这个类别的关键同样在于要回顾我们的日常清洁和美容程序，然后再集中到我们最常使用的用品上，井然有序地把它们整顿好。丢掉所有已经不再使用或已经过期的产品吧。

我从前一碰上旅行，收拾洗漱用品往往是很枯燥的一环，但自从我把这些瓶瓶罐罐整理过后，它们现在已经一并被妥妥帖帖地收进一个小小的盥洗包里了。我不光在家里会用这个盥洗包，每当要外出旅行的时候，我随手拿上这个小包便可以出门了。它让我免去了收拾的压力，为我节省了许多时间。

**纸张文件。**任何类型的纸张都能让凌乱加剧，就算是已经被妥善地存档和收纳起来，它们还是会占用不少空间。

纸张文件大致上可以分成三类——重要文件，像出生证明、护照还有毕业证书；保养证书和使用说明书；账单还有各种参考资料和笔记。

重要文件像出生证明、护照和毕业证书等等，为了方便取得，它们最好能放在同一个地方。我把我所有的重要文件一并放进了一个包里，每当我需要用上它们，或者有紧急情况出现的时候，我只要一拎上那个包，便可以拿到全部东西了。我还把它们一一扫描了，方便自己在网络和电子装置上取得这些文件。

所有的保养证书和使用说明书也应该被储存在同一个文件夹里。同时最好能每年检查一次保养证书，一旦发现有过期的便把它丢掉。我个人认为使用说明书是一种占用空间的东西，因为就算没有翻阅过使用说明，大部分人还是能够得心应手地使用新器具。所以，我已经把所有的使用说明书丢掉了。对于比较棘手的问题，大部分厂商也提供了在线使用说明和用户论坛，所以我们更没有理由去保留这些厚厚的说明书了。同样道理也适用于产品目录。许多公司现在已经推出了可以被随意浏览而又不会占用任何物理空间的网上目录。

纸张造成的乱块主要来自账单、笔记和参考资料。个人而言，我尽可能会选择网上缴费，因为这样一来可以大大减少乱块和邮件数量。如果你还有纸质账单，你可以把它们及其他需要采取实际行动处理掉的文件一并存进一个“行动档”里。当处理完后，这批账单和文件就可以被扔掉了。至于笔记和参考资料，你完全可以把它们扫描存档，以节省它们会占用的空间。

**照片。**照片具有纪念价值，因为回忆和经历都被一一保存在照片之中。这也从另一方面说明了，为何我们当初会按下快门拍照，然后加以保存，还有为何它们能让我们如此依依不舍。但照片总会在不知不觉中占满一本又一本的相册，继而占领一个又一个储物盒。我曾经有过8本全是在同一趟意大利之旅中拍下的照片。好吧，那是一趟长达几个月的旅行，但竟然衍生出8本相册?！当我在整理过程中翻看那些相册的时候，我只能勉为其难地记起一半照片上的地名。

伴随着数码照片的诞生，每一幅照片在底片和后期加工上都是零成本的，而且我们轻轻一按便能把照片删掉。不过，尽管数码照片不会占用任何实际的物理空间，却不代表不会占用记忆空间。

当开始整理照片的时候，我买了一本容量为250张照片的相册，所有我决定要保留的照片全都被塞进那一本相册里了。取舍之难超乎想象，但我还是成功了。所有从我出生至今最重要的照片都一一被收藏在那本相册里——成了一本经过精挑细选、捕捉了我生命中那些最难忘最为动容瞬间的相册，那里记录了我人生中的里程碑，还有在旅行中遇见的人物和风景。我还更进一步，把它们扫描成电子文件，存进手机和电脑里，作好备份，让自己随时随地能和它们“见面”。

对于明信片，我也同样用了“少而丰盛”的原则。我重新又翻出家里那些明信片来回顾过吗？没有。我后来把数以百计的明信片都丢掉或是捐给了慈善商店，最终只保留了几张自己最喜欢的。自那以后，我尽量克制自己不去买任何明信片，就算要买，也只会是一两张异常精美，印有自己没办法用照相机拍摄下来的风景的明信片。

跟纸张文件一样，在储存照片这件事上，扫描仪可能会成为你最好的朋友。有效的存储固然重要，但是避免照片过量的最佳时机，是在决定要拍什么和拍多少的时候。在我们都到访过的那些风景名胜跟前，大多数情况下我们并没有好好感受和欣赏，而是只顾着对着它们“咔咔咔”地按下快门。

在拍摄的时候更留神拍些什么，被我归纳到极简主义旅程的一部分。当一道美不胜收的风景或是蔚为壮观的景色映入眼帘的时候，我会首先欣赏当前美景，还有呼吸体验四下的氛围。唯有这样，我才能完完全全地享受当下，赞叹于眼前的光景和体验。没有人需要10张埃菲尔铁塔的照片，几张精心拍摄的影像足以传递那一时刻的景象和气氛。所以在照片这方面，也要同样“少而丰盛”。

**牵动情感的东西。**至亲留给我们的物品、上一段爱情里的通信、孩子的成绩单和艺术品，以及其他倾注了爱、家庭关系和深刻回忆的家当是很难割舍和忘怀的。我们会把它们保留下来，格外珍视，是因为它们提醒着我们拥有身边那些关心的人、挚爱的人，还有刻骨铭心的经历和回忆。但单纯就这些物品而言，有多少是我们真正眷恋和珍惜的，有多少是基于责任而被保留下来的?

我们要保留这些东西，因为我们认为它代表了不再陪伴左右的挚爱，代表了跟这些东西有关的人为我们带来的爱、欢乐与回忆。但是，这种思维方式多少有些“买椟还珠”的意味。没错，这些东西能够唤起强烈的回忆和情感，但事实上，回忆与情感是寄存在我们心中的，即使没有这些东西，那份感情还是会继续存活于我们的心底深处。

我当然不是说，因为这些回忆与情感都埋藏在心中，所以我们可以随意丢弃或是把这些东西转送别人。是的，如果你愿意的话，你的确可以把它们丢掉。但大部分人都会想去保留其中的一部分。我们要问的问题是：我喜欢它们吗？它们会为我的生活增添价值，或是有助于我达成目标吗？我需要保留全部吗？如果我们喜欢那些东西，我们毫无疑问地会更珍惜和更享受它们的陪伴。

除此以外，我们可能还需要采用某种特别的保留方式去处理这些东西。当家里只住着你们两个人的时候，你还需要留下伊迪丝阿姨的整套餐具套装吗？而在孩子的全部艺术品制作成果里，你可以挑几件你特别喜欢、具代表性的来保存，而不用把每一样都保留下来。接下来，你可以找一个空间把你喜欢和决定保留的作品陈列出来。最后，我们可以为要舍弃或捐赠出去的东西留影作为纪念。

要如何整理东西的清单不可能一一尽录，你家中大概也有某些东西没有被详列进来。但当中的原则是一致的：它能增添价值或帮助你达成目标吗？它能触发你的喜悦吗？如果答案是肯定的，保留它吧；如果是“不能”，你可以丢掉或是把它转送出去。

到了现在，你可能会问：“我到底要整理到什么程度？

我什么时候才会知道已经完成了？”这些问题的答案因人而异。

请记住，极简主义是非常个人化的旅程，当中没有定义你拥有得太多或是太少的规则。相反，里面只包含了能够应用到所有人身上的“恰到好处”，而这个准则也是因人而异的。就个人经历而言，你自己是会知道什么时候才是足够的，你会知道在那个特定的时候，多少东西还有多少空间对你来说才是恰恰刚好。而且，不用多说，现在能为你带来欢乐和增添价值的，到了将来可不一定能带来同样的感觉。所以定期检视你的家当是相当有益处的。

以下是协助你清理乱块的关键要点：

- 把乱块清理到“恰到好处”的程度——一个不多不少、刚好符合你需要的数量
- 辟出一些整洁的空间让气流动，让空间被平静占据
- 万物皆需要容身之所，同时要适得其所
- 为你选择丢弃的带有情感属性的物品拍照。你可以依然保有与之相关的记忆，同时不再任其继续占据家里的空间
- 试着这么问问自己：“如果真的要从头重新开始生

**活，我会需要什么？”“如果只能装满一只行李箱，我想要往里面放些什么？”这样思考可以有助于将关注点集中在对我们真正重要的事物上**

## 切勿忘记虚拟之物

在上一节中，我们讨论到如何清理身边的物质乱块。现在，我们周遭只剩下了能够为生命增添价值和契合需要的东西；现在，更多的空间被腾出来，而打理那些东西所费的时间和劳力，连同压力一道消失了。不过别忘了，会占据精神和情感空间的东西可以是非物质的——虚拟之物，包括电子邮件、社交媒体、电脑文件、电子书和数字音乐。

“增值和契合需要”这个原则同样可以应用在虚拟之物上。就像功能相近的实体物品一样，虚拟的东西同样会占用记忆空间并跻身在“云端”之中。它们的存在需要我们投入不同程度的时间和精力，因为过量的虚拟文档不免会为我们制造压力和混乱，分散我们的注意力。通过重新整理，我们能够集中精力关注真正重要的东西，它们将带来快乐、价值，为我们腾出更多空间。

**电子邮件。**很多人都曾经遇到过电子邮箱堆积无数封未处理邮件的情况，也许到现在为止还依然如此。一个充满了未读和未回复邮件的邮箱是压力的根源，它会让我们觉得束手无策。有时候，我们会干脆放弃整理邮件。拥有一个荡然无物或是容量微小的收件箱，跟拥有一张清洁整齐的书桌差不多，能让我们清醒、冷静，觉得一切尽在把握，还会给予我们以空间，将注意力投入眼前的工作。

如果你的收件箱已经失控，你可以用两种方式收服它。第一种方式是，删掉收件箱里所有的邮件，然后重头来过。没错，就是这么简单。勾选“所有邮件”，然后按“删除”。看吧！一切都被清除得一干二净，之后可以重新开始了。但是要删掉所有邮件可能需要莫大的勇气，因为有人可能会问，“如果里面有重要的邮件怎么办”或者“万一里面某处有一件待处理事项呢，没有它我可不知道该怎么办呀”。好吧，假如那封邮件真的那么重要的话，它也不应该被埋藏在几百封邮件当中，而是应该被存储在某个特定的地方，或者是你早就采取行动去完成它了吧。

记得有一次假期结束后我回到办公室，发现邮箱里铺天盖地塞满了邮件，它们可谓双倍积累，包括了我离开公司之前还有在假期中收到的。这堆邮件让我压力难当、手足无措、喘不过气来，当下整个人都僵住了，因为我不知道该从何入手。喝下一杯特浓咖啡后（它总能大派用场！），我决定从零开始。我在收件箱页面点击了“全选”，然后按下了“删除”。几百封邮件一眨眼间一去无踪！自由的感觉美妙得令人振奋！我跟自己说，如果我真的删除了任何重要的东西，我马上便能知道，或是被告知、被提醒。两天后，灾祸并没有降临。我没有因为清空了收件箱而被解雇，我的同事也礼貌地把几封需要检阅和审批的邮件重新发给了我。

第二种，也是有可能让人感觉更温和的做法是，逐一去梳理你的邮件。当你一封接一封地检视的时候，可以把它们分别归入“需要处理”“供日后参考”“属于特定项目”以及“垃圾邮件”的类别。邮箱里还会包括一些可以马上回复然后删掉的邮件。其他的可以被存储到“需要处理”或“供日后参考”的文件夹里。但要记得定期回顾和处理“需要处理”的文件夹，不然它们又会渐渐堆积如山到失控的地步了。

经常检查邮箱会造成时间上的浪费和巨大的分神，将我们的注意力和时间从当前正在进行的项目上偷走。管理邮件的最佳办法是，在一天里分隔出一到两个专门阅读、回复、处理、存储邮件和清理收件箱的时段（每个时段大概为15 ~ 30分钟)。通知别人，让对方清楚你的邮件回复时间也不失为一个好办法，好让他们不去期待一个立刻的回复。这个做法需要勤奋和一定的自制力，但当它一旦变成了习惯，我们就会有一个“清净的收件箱”了。

**社交媒体。**有人能记得在Facebook和推特还未出现之前，我们的生活是怎样的吗？在发呆、一席交谈静止的一刻，或是等待食物上桌、火车到站、乘搭公共汽车的空闲时间里，我们会做什么来打发时间？在大多数情况下，社交媒体促进了我们的社交联系，让我们与四周的世界更加紧密相依。但对于很多人来说，包括我自己在内，我们时不时会变成社交网络的受害者，整天只顾漫无目的地滑动着无穷无尽的贴文。我们跟一些“好友”的联系与沟通，也已经减少到单纯的“点赞”和“转发”。

我们需要合理化我们的社交媒体用途，确保它们不会成为与朋友真实会面的替代品，或是盲目的空闲时间填充。审视我们如何使用社交媒体，这样做不仅是基于极简主义的缘由，还可以帮助我们增添价值。

就我个人而言，我把社交平台账号调整到只接受真正有交情的朋友的“加好友请求”，我还会刻意把好友数量维持在一定水平(60是现在的门槛)。对我来说，我的社交网络联系不是朋友越多越好，那不是一个需要凑够一定数量的好友以彰显我的交际光环的平台。相反，我选择把它仅仅视作一个用来跟朋友联系的平台。所以重点还在于贵精不贵多。同样道理可以应用于“点赞”功能，还有群与成员的“关注”功能上。

与此同时，我会限制自己浏览社交网站和其他网站的次数和时间。因为如果太频繁地查看这些网站，我对工作的专注力往往会被分散。这些浏览最终只会沦为一种毫无意思也毫无利益可言的干扰，就像把电视频道调来调去一样。上网浏览的理想时间长短没有既定标准，它通常是因人而异的。一个可以知道你是否在漫无目的地浏览网页的方法是，去衡量你这么做之后的感受。盲目浏览过后，我总会为被浪费掉的时间感到内疚，还会为没有在刚才的举动中得到任何收获而怅然若失。但相反，如果我能够服从自己所订立的网络使用时长上限，这样的浏览反而会更让我不自觉地深思熟虑。不论这样的浏览是否跟交流、资讯或是娱乐有关，如果在那样的特定时段内发生，总能让我有从中得益的感觉。

有意识地减少上网时间也是很好的方式。类似这样的下线时段可以从每天下班以后开始，或是让它延续一天或一星期之久。或许，你也可以选择在吃饭或是某些特定时段下线，例如上床睡觉前的一个小时。

我认得相当一部分人，他们有的并没有申请社交网络账号，有的在申请之后不久就注销了自己的账号。这些人觉得社交媒体是肤浅的，并不会增添价值，他们希望把时间花在更有建设意义的事物上。而对于我们这些社交媒体和线上活动的使用者来说，社交网络提供了一种目的感，而事实上，那只是确保让我们觉得自己正在控制着自己的线上生活，而不是在网上漫无目的、无所事事，我们也因此把它们作为一种“正经”的娱乐，以对抗无聊。从社交媒体上节省下来的时间，我们可以花在让我们欣喜或能增加价值的活动上，比如一通电话谈心，或者朋友茶会，而不是对着屏幕一字字地读着彼此在网上的状态更新。

**电脑文档和手机应用程序。**我见过密布应用程序、档案和文件的手机和电脑屏幕。我不知道你会怎么想，但我认为这样的界面不但会增添我的压力，其实还反映了一种无组织的混乱状态。一个整齐简洁的界面如同一张干净的桌子，同样能带给你宁静、秩序感和可以专心致志工作的空间。以前我的手机和电脑屏幕也布满了应用程序、文件和档案，我要千辛万苦才能找到想要的东西。这样的屏幕不但让我分心，还给我徒增压力。我的屏幕壁纸是科罗拉多州震撼人心的落基山脉，有这么多图标在屏幕上，别说要享受这个景致了，我连照片本身都不大能看清楚。

后来我受到了莱奥·巴波塔的博客“禅宗的习惯”的启发，把屏幕上的文件和档案一一移走，把它们整齐地存进了档案管理文件夹里。我还把常用的应用程序图标加以精简，将它们收归到屏幕下方的图标列表中。现在，那宏伟壮观的落基山脉终于一览无余。每当我看向屏幕的时候——映入眼眸的，是瑰丽无比的一幕！我还整理和重新排列了手机上的应用程序，现在上面只剩下了我最常用的——不但为我省下更多时间，还省下了更多存储空间。

**电子书 / 数字音乐 / 影片。**因为电子资料只存储于电子器材内，不会占用实体空间，从而令许多人认为数字资料不会成为乱块。可是，如果我们将乱块定义为不会增加价值或帮助达成目标的东西，那么我们已经欣赏过或已经不会再碰的电子书、数字音乐和影片，除了占用存储空间以外，就几乎没有任何用处了。我们应该不时查看我们的电子资料，审视我们想保留什么和删除什么，以腾出更多空间，让新内容进入我们的生活当中。

读过以上这些之后，你会怎样看待清理乱块这类事情？是不是有点儿跃跃欲试？迫不及待地想把多余的物品装进垃圾袋？或者，你依然压力重重，不知道从哪儿开始？这里有个练习，可以帮助你。

**实践：**从小物开始，从某处开始，养成习惯。

选择从一些小项目（例如，钱包或抽屉），从一些小空间（例如，书桌或厨房台面）开始你的乱块清理工作。

从某处开始，不在于你清理了什么或具体清理了哪里，总有一个地方要成为开始。

养成定期做事的习惯。可以是每天饭前5分钟的打扫，也可以是专门抽出一个周末来清理花园。把定期做一件事（收拾、整理、清洁）形成习惯，无论这些小事看起来多么微不足道。点点滴滴都是进展，积少成多，新的生活方式就展现在眼前了。

你不需要更多的空间，你只是需要更少的东西。

——佚名

## 持之以恒

当你清理了实体空间和虚拟空间中的乱块以后，又该如何让这份整洁继续保持下去呢？乱块清理不应该成为日常家务活儿，它们应该被视为特殊活动。清理乱块之后，我们只需要维持这个样貌，继续把东西安置在整理好的位置就可以了。当家被打理得井然有序之后，我们的目标是要设定一套你想要的生活方式。清理乱块只是一个工具，而不是终点。以下有更多的要点，将帮你继续身处正轨，维持整洁。

***Lagom***。我们在本书的开篇处提到过这个瑞典语单词。我想就这个词再说点儿什么，不光因为它是我最喜欢的极简主义观念之一，还在于它从根本上构成了极简主义和简约生活的要素。*Lagom* 意为“恰到好处”或“足够”，它允许足够有余的出现，但还是会设立限制。它更侧重于一个人真正需要多少（这个多少的量是因人而异的），而不是一个人想要多少；它期望带来的是喜悦而不是匮乏的感受。我拥有一套床单和四条浴巾。隔段时间我会清洗这套床单，等它们都干了，便会又把它们铺好使用。我只需要两条浴巾——当一条送洗了，还有一条可以替换。另外两条是供

客人使用的。这套床上用品组合恰好符合我的需要，不但帮我免却了许多烦恼，还为我省下了更多空间。所谓“绰绰有余”，也只是额外的包袱而已。

**自我形象和自我价值。**消费可以给予我们良好的感觉，让我们觉得自己更有价值，遏制自觉不完美的感受。但消费是一场无止境的追逐，因为市场上总会出现下一只让我们自觉更好看、更有面子的名牌包，或是新型号的车子。摆脱这些的方法是，你要领悟到，就算没有这些外在物质，你也是一个友善、可爱、有价值的人。没有人会因为你所穿的裙子或是开的车子来判断你的人格。如果他们当真会以这些东西去判断一个人的话，那么你就需要衡量一下值不值得花时间跟他们相处了。

**安全感和“以防万一”。**我们在不知不觉间持续不断地堆积物品的原因是，那些物品可以在一定程度上给予我们安全感，让我们有受到保护的感觉。我们总觉得它们能够在我们遭遇情感挫折、自然灾害和经济危机时守护我们。但大多数情况下，我们最强烈的忧虑往往不会变成现实，这让我们最终落得要跟所有多余物品为伍。我指的并不是为应对灾难而预备的充足食物和在紧急情况下会派上用场的手电筒。你要去问问自己以下问题：“有可能发生的最恶劣情况是什么？”“没有这些我能够存活下去吗？”“我可以依靠谁？”“有什么东西是我不必赖以维生的？”很多时候，我们其实是为了应付这些“以防万一”的情况而把东西买下并存放起来。我自己的“以防万一”物品仅仅只有个人药品和急救包而已。

**舒适度。**当我们觉得意志消沉、压力重重、孤独无依的时候，我们往往会不假思索地购物、吞下食物、寻求娱乐来聊以慰藉。我们会求助于这些方法，是因为觉得这样做会让自己感觉像是盖上了安全毯。但这些东西反而会让问题恶化，让情况变得更混乱不堪，还会招来更多债务、更糟糕的健康状况和体重问题。处理问题的最佳方式不是去逃避，而是勇于面对，承认它们的存在，并且以一种可行的和具有建设性的方式加以解决。

**回忆和活在往昔。**照片、纪念品、旧信件等等皆盛载着往昔的美好时光，还有我们对挚爱的深情和回忆。过去非常重要，因为它曾经编织了我们过往生活的一部分。但往昔的事如今已经不再重要了，你不需要这些象征着你的挚爱和特别时刻的东西，因为它们本来就不是那些人和特别时刻本身。真正重要和永志不忘的人和事，会长存于我们心中，永远不会磨灭。

同样，我们在乎的人送给我们的东西——例如伴侣或家人赠给我们的生日卡——不能完完全全地代表他们对我们的感受。要知道，那些东西并不是爱本身，而只是爱的表达。和我们在乎的人多花些时间相处，以这种方式来表达和体会彼此之间的爱，会更为有价值。

无论用什么方法，保留精挑细选过的具特别意义的照片和纪念品便足够了。接着，你可以好好地欣赏它们。如果把一切统统保存下来，只能代表我们仍然活在往昔，这样只会阻碍我们把握当下更美好的生活和展望未来。不要看着后视镜过日子——你的人生可在前头。

**机遇和活在未来。**买东西时我们会抱有一种心态，为留待日后某个时刻使用而购买，然后就这么把东西留着备用。这些东西有可能是学习西班牙语的教材，也可以是在家亲手制作面包的面包机，诸如此类。但大多数情况下，那个所谓的“以后某个时刻”却永远不会降临，那些东西最后只会变成一个个不曾被使用过的囤积物。我认识的一些朋友就是为了那些未知的“特殊场合”而保存了一盒精致茶具。但我常常会想，他们真的会有机会享用这套茶具吗？他们已经80多岁了！现在就去做能够让你快乐和兴奋的事情吧，因为万物的起源均有其适当的时机。去拥有你所喜欢、当下便可以好好善用的东西吧——不要为了将来未知的情形而购买任何东西。你可以在家中挑出一些东西来特地保存一个月，如果你到最后都没有碰过它们，那么还是考虑把它们丢掉，或是转送给能够在它们身上发掘出更大用处的人吧。

我以前也会为了将来未知的特殊场合，或是未来的理想家居而买下一些东西囤积起来。后来我意识到，我是在为未来而活，当下的生活则裹足不前。生命太短暂太珍贵了，它经不起我们这样挥霍。如果这是一个事关活在过去、当下或未来的选择，我们的选择永远都应该是当下。

**重复品。**我们生活中的乱块大部分来自重复的东西。你的周围有多少支笔？你需要这么多笔吗？你知道厨房里有3个一模一样的奶酪刨吗？我们偶尔会为了“以防万一”而买下一些物品，而我们在购买的时候，甚至常常不知道自己已经拥有一个或是好几个有着同样功能的东西，因为它们都隐藏在我们身边乱七八糟的物件中了。所以，把东西整理好，把它们摆放在适当的位置是十分必要的！开始动手整理家里功能相同的东西吧。之后再看一看，更多的空间、更少的凌乱会带来怎样的改变。

**物品的价格。**为了不想错失减价的机会，我们会凭直觉买下折价出售的商品，包括一些我们不需要或不特别喜欢的东西。我们或许认为减价购买可以省下50%的钱，但如果不买这个不必要的东西，我们实际上为钱包省下的，可是100%的钱啊！另一方面，因为我们会依稀记得当初为买下它所付的钱，那个价格往往会让我们舍不得把东西丢掉或捐出去——这可以称为“沉没成本”。如果同样的情形在你身上发生了，问问自己，现在你会愿意付出同样的钱把那样东西买回来吗？如果答案是肯定的，意味着它值得被你保留下来；如果答案是“不会”，意味着你其实并不在乎它，所以把它丢掉，或转送给更需要它的人吧。在一样物品上投入过时间和金钱却舍不得放弃，是没有意义的，因为它无法为你当下的生活增添任何价值。

**不是要你重新组织。**你可能会误以为多买几个储物盒，甚至租用一个存储仓库，然后把东西整齐摆放好，便可以创造出更多空间，从此摆脱乱块和凌乱。但是我要老实告诉你，这样做只是在重新安置你的乱块而已。在存储之前，你必须先丢弃不要的东西，不然存储仓库最终只会沦为有组织的囤积场所。

**由你来决定要不要把它变成一个数字游戏。**有些人会选择只拥有特定数量的东西，可以是总共100件（戴夫·布鲁诺的“100样东西的挑战”)、333件衣服(考特尼·卡弗的博客“少即是多”和“333计划”),或是绝不多于50本书等等。有些人则选择了“一进一出”这种做法,为了让物品的数量维持不变和更易于管理,他们在购买一样东西之前会先丢掉另一样东西。

我自己没有采用过“数字游戏”或“一进一出”方法,这并非因为我不认为它们是值得遵循的,只是缘于我喜欢让极简主义自然运行。我的需要和品味会随着时间而改变,而我对自己有足够的信心,相信自己会知道自己需要什么,什么时候为之足够。所以我不需要一直留意着物品的数量,或是被单纯的数字限制住。但是就像之前所说的,极简主义是一种根据个人需要度身定制的观念,密切关注着手上东西的数量对某些人来说可能非常有效。

**把重要物品放在同一个袋子里。**我每次出门都会带上这几样东西:钱包、钥匙、手机、驾驶证和护照。我还会把我的重要文件和纪念品放进床头柜上的小袋子里。清楚地知道我的重要物品身在何处,让我分外安心。假如发生了需要逃生的紧急事件,我只需抓上小袋子就可以立即离开了。

**投资于快乐和美好。**在简化和清理的过程中,我们也一定不要忽略了美的重要性，这是因为美可以带来许多快乐。例如，我们或许可以把乱糟糟的杂物分为四类。这些杂物各有其功用，除此之外，你还能从它们身上发觉哪些美妙之处，或是找到使用过程中的哪些乐趣？

在开启我的极简主义之旅之后，我完成了对乱块的清理，然后花了几千美元添置新物。是的，你没听错：我又大肆购物了！你看，经历过这一番置换过程，对于什么能让我感到幸福、什么可以满足我的日常需要和审美趣味，我都有了更深一层的理解。例如，在实践极简主义之前，我曾经热衷于巴厘岛风格的装饰，为了营造出一种无忧无虑的岛屿生活氛围，在我伦敦的小公寓里，有为数不少的暗色系大件家具。后来，这些家具不再带给我愉悦，相反，它们让我感觉十分压抑。于是我把这些不再带来快乐的家具或卖或捐，取而代之的是能给我增添审美乐趣的物品，它们也满足了我新的需要和趣味。

有时，简化你的生活同样需要购买新的物品。我的迷你iPad就是个好例子，我用它来作为我的电脑以及浏览网页。同样，还有我的电子书阅读器，它可以帮我有效减少存书数量，对其进行合理化管理。所以，不必为在生活中增添新成员而感到忧虑，只要它们能为你带来愉悦，为你的生活增添价值和美好。记住，极简主义是乐趣，而非剥夺和丧失。

**欣赏“空”。**当我们将多余之物清除出去，我们就迎来了更多的空间：宽敞的四下，甚至好几间空闲无比的房间。接下来，可能有很多人又会倾向于将这些空间再度填满，幸好，我们已能在这么做之前变得更加审慎一些。不妨学会欣赏这些“空”的空间，以及“空”所带来的宁静和自由。保有更少的物品，你会获得比实际需要更多更大的空间，而为居所清仓减码，也会同时大大减轻你的经济负担。

**拖延。**有些时候，我们其实知道身边有些东西是不必要的。那些东西不但不会为我们的生命带来任何价值，还会对我们构成压力。然而，我们会因为觉得那些乱块难以应付而选择无视其存在，与之共存。乱块就等同于拖延。与一众精神和情感上的问题一样，我们在身处一团杂乱之中的时候，虽然希望这堆乱七八糟的东西能快点儿消失，但是自己却往往只能默默容忍接受。对它视若无睹或是任由堆积只会让情况恶化。视若无睹只会让压力在我们体内积累，阻挡我们向前推进，影响我们的生活质量。

**每次一小步，关键是要开始。**拿起一样东西，想想该怎样处理它。着手开始会让你自我感觉良好，很容易就继续进行下去。有时我们需要帮助和他人的支持，所以别惧怕开口请求帮助。我们对别人负有责任，我们就会取得更多的进步，并在这一过程中找到快乐。

**重视经历。**除了通过购物来寻找我们的幸福、身份和意义之外，也可以考虑通过累积经历来获得这一切。这样不但可以减少你周围的乱块，还很可能令你从这些经历中获取更多的满足感。记忆的寿命比物质的寿命要长得多。去跟你所爱的人共聚吧，一起做顿饭、享受彼此间的交谈、看喜欢的电影、参观展览，或是开始那趟你已经期待许久的自驾游吧——这张清单可以是无穷无尽的。毕竟经历如同人生，它们的意义就是要被活出来和被重新演绎。再说，成为有故事可谈的人岂不比空有一堆东西摆在身边要有趣多了吗？

**心态上的变化。**在检视和清理乱块的过程中，消费和占有的心态与行为也会随之产生变化。在结账付款之前，你对一样东西的需求将会变得更审慎，对一样东西是否值得被保留，或者是时候该丢弃了也会变得更有意识。在我的“乱块大清理”行动结束后的一天，我请了一天假。（一个周末的大劳动结束以后，我的元气还没有恢复！）当天，我去了西伦敦最大的购物中心。过去，在我实践极简主义之前，外出时我总会掏钱买些东西，任何东西都好，就算只是一份报纸，也会让我觉得离家一趟是值得的。而那天，当我在商店里的走道上溜达的时候，偶尔停下来仔细观看，但并没有购物的欲望。在那一瞬间，我发现我已经拥有一切生活所需，不再需要任何额外之物了。极简主义不是反消费主义，它是这样一种观念，让人变得更清醒，更谨慎地消费，更谨慎地占有。

找出哪些是必需的，然后把其余的全部清除出去。

——莱奥·巴波塔

# 第 4 章　自我赋能

## 展现真我

实践极简主义的生活方式，并非仅仅限于前面章节所谈到的，只需开始物质层面的转变就足够了。物质层面的转变同样会为我们带来心理层面和情感层面的变化，这些同属于思维方式和生活方式的整体。

先来看看我们自己。我们每个人都是独一无二的个体，有着自己独特的生活方式。世上不可能有跟你一模一样的人，就算是双胞胎也会存有差异。可是，为了要迎合主流大众，避免自己显得与众不同，我们往往会选择隐藏自己、压抑自己，甚至假装成另一个人。我们试图去迎合主流，去迎合别人对我们的期望，避免标新立异。作为社会和人群中的一员，被孤立、被排斥等等离群的感受都是挺可怕的。

我们不敢带着自己的弱点、缺点和不足之处去当那个真实的自己，我们怕真实的自我会惹来厌恶、不满和批评。这些恐惧联合起来击退了我们可以让自己快乐的力量，这种情况更让人心惊胆寒！

我们不敢做自己，这种恐惧很大程度上是由于缺乏自信心和自尊心导致的。为了我们的自尊心——那个我们认为的别人眼中的自己，我们会隐身到一扇富丽堂皇的门背后，去压抑真实的自己。我们缺乏自信心甚至自尊心，不相信自己在缺乏别人的认同或支持下，能够生存和自由成长。

要让我们有限的生命活得完满、有价值，我们至少可以做到的，便是拿出那股勇气，活出忠于自己的价值和梦想的生活，而不是活出别人对我们的期待。我们不应该用别人设计的定义和标准去度量自己。

去追随你的梦想，寻求让你快乐的东西吧。去掌管自己的生命，为自己定义如何才能让人生变得快乐、成功和完满吧。去穿你喜欢的、让自己感到舒适的衣服，而不是别人认为你应当穿的衣服。辞掉你不喜欢的工作，去实践你的所想——去环游世界，开一家你梦想中的咖啡馆，搬到一个空间较小但足以应付所需也更符合你经济状况的房子。我们只能活一次，所以，去拥抱你的真性情，活出你本来的样子，自由自在地生活吧。因为到了最后与这个世界告别的时刻，只有我们自己需要给自己一个交代。

**实践：**留出些时间回顾一下，你是不是正在过着自己本真的生活。你是否将大量时间都花在了做真实的自己、做自己热烈向往的事，并对身边的人敞开心扉、真诚以待？如果正是这样，那太棒了！如果不是，那就列出现在的状况，并尽量找出你隐藏起真实自我的原因。

想想看，如果从这些墙的背后走出来，开始以真实自我去面对生活，最差的情况会是什么？又或者，你会不会感到更幸福和更满足？

做真实的自己，过自己真正想要过的生活，清楚这一点，才能朝向清醒的自我认知和自我实现迈进。

你的时间是有限的，不要把它浪费在别人的生命里。

——史蒂夫·乔布斯

## 按照自己的期望而活

在上一节中，我们谈到了真诚地生活。真诚生活的关键部分在于按照自己的期望而活。

我们大概都曾经试过按照自己和别人的期望去生活。父母和老师对我们的行为、成绩和未来事业抱有一定的寄望；朋友对我们也会有一定的要求，以此确认我们可以成为小圈子的一分子；我们对自己也会有所期望，这样我们才不至于让自己或是身边的人失望。但到头来，只有你才真正知道什么能让你快乐和满足，什么能为你提供一方喘息的空间。所以一定要先问问自己，你可以成为怎样的人、你可以做什么、有什么可以帮助你实现你的期望。

### 成功的定义

成功是唯有你自己才能定义和达成的东西，别人的意见都并非必要。假如大众的声音说，成功的定义在于赚到至少10万美元年薪、拥有一幢豪华小区里的房子、开一辆豪华德国房车。如果追随这些成功标志可以让你快乐满足的话，那么就想办法去得到它们吧。只是大部分人追求的，要比这些深邃得多。

我们很快便会发现，上面提到的这类成功背后都附有代价，它的代价是挥之不去的空虚感。如果全力以赴去获得以上这些，我们只会剩下少之又少的时间留给所爱的人，而健康也会因为沉重的工作压力而每况愈下。如果我们最后能坦诚面对自己，则会发现，其实我们一点儿都不快乐。所以，倘若那些东西都不能带给我们快乐的话，它们还算是成功吗？不论成功对你来说是什么——拥有一个充满爱的家庭、做一个好伴侣或好父母、拥有你亲手创立的公司、为你向往的公司工作，或是环游地球一年——去为你自己的成功写下它的定义吧，只要它能为你带来喜悦和人生目标，那便算是成功。

**实践：**对你而言，当下定义成功的是什么？这些标准是由他人设定的吗，它们适用于你吗？可否调整你的成功标尺，使之符合你自己的信念、价值观和热忱？

## 当得适当，做得适中

知道自己怎样才算拥有足够和做得足够，这一点是很重要的，因为我们总是可以成为更多、做得更多、拥有更多。别人对我们的期望可以驱使我们不得不去做远远超越自己能力范围的事，最终让自己遭遇随之而来的折磨和失败。其实我们可以顺着自己的心意，为自己订立合理而有望达成、能让自己欣慰的目标，为自己腾出放松和享受生活的空间。正如《本质主义》一书的作者格雷·基翁所说："如果你不为自己的人生订下优先次序，旁人总会趁机插手。"

## 学会说"不"

那么，怎样才能为幸福快乐留出空间，让它们与我们长久相伴呢？对很多人来说，说"好"比一切都容易，说"不"则比登天还难。我们不想让别人失望，不想去拒绝别人，不想显得不善交际或是错过潜在的机会。如果我们没办法拒绝过多的消费、工作、活动，以及承诺和塞得满满的日程表，我们迟早会不堪重负，身心俱疲。我们需要为自己订下优先次序，在一天24小时里，优先事项必须被优先处理。我们应该为那些能让我们感到快乐和满足的人和活动预留时间，投身于那些让我们乐在其中的事务和活动，置身其中的理由不应是让我们感觉屈从于某种责任或义务。对于其他的东西，我们应该说“不”。

很多人害怕错过的感觉，但我们应当知道，错过的片刻同时存在着喜悦。只有当我们允许自己停止对所有人和所有事都说“好”，停止去试图完成所有大大小小的事以后，我们才能对真正重要的人和事作出最多的贡献。

问问自己什么才是最重要的，然后鼓起勇气，围绕这个答案好好建设自己。

——佚名

## 不再炫耀忙碌

我们生活在一个繁忙的世界里，这个世界往往用我们的工作量、效率和工作日程的紧凑程度来衡量我们的价值和重要性。为了尽可能把所有事情塞进24小时里，我们手上的承诺、约见、进度汇报和会议往往多得不可思议，让人应接不暇。忙碌已经成为新的常态。如果你不忙碌，你通常会被视为懒惰、不事生产，既没效率也不重要，和“废物”差不多。

我记得自己还在企业里工作的时候，不自觉地会有一种要把日程填得满满的压力。我会在办公桌前忙得不可开交，匆忙地从一个地方跑到另一个地方，随时让自己看起来像是正赶着要到什么地方去似的。现在回想起来就觉得很可笑，但我敢肯定，我们全都曾经因为想要看起来很忙而真正地忙了起来。

忙碌或者不忙碌，两者都没有错——问题在于我们在忙什么？为忙而忙（或是为了看起来很忙而忙），如同把宝贵的精力和资源投放在各种各样的事情上，但那些事情却指向了不划一的方向。我们奢望着其中的一些事情会取得进展，并得到满意的成果。但在做一件事之前，我们需要问问自己，这件事背后的原因和目的是什么？它能够增加价值，或是有助于取得什么进展吗？辛勤工作和把日程填得满满的不一定会带来更好的结果，更可能会招致反效果。而且，整天四处奔波、营营役役，这样的生活让我们休息和恢复体力的时间只剩下一点点，我们没有闲暇去反思、无法真诚地欣赏手上的工作。这样的忙碌为我们的整体生活质量带来负面影响。正是这样高速运转的生活最有可能引起压力过度和精疲力竭。

所以慢下来吧，把时间的管辖权重新夺回来。进餐时

好好品尝食物，享受交谈的过程本身，好好欣赏手上的任务吧。让自己专心地投入当下，不要为了赶紧开展下一个项目而没头没脑地仓促完成现在的任务。像卡尔·奥诺雷在《慢活的礼赞》一书中所说的那样，慢慢来，代表着你正在掌控自己生命的节奏。在各种各样的情况下，由你自己来决定要走多快。假如今天我想走快一点儿，我便走快点儿；假如明天我想放慢一点儿，那么我便慢下来。我们要争取的，是决定专属自己的节奏的权利。

**实践：**思索一下，你在未来一天、一周、一月里的任务和安排。它们是否能为你的生活增添价值，或者它们仅仅只是由于责任和义务，或是别人的期待而出现在你的日程表上？

开始着手删掉那些不能为你带来价值的任务和活动，为对于你而言真正重要的事腾出时间和空间。

光是忙碌并不足够。我们要问的是，我们到底在忙些什么？

——亨利·戴维·梭罗

## 在纷扰嘈杂的世界里寻找焦点

在上一节中，我们提到了单纯地为忙而忙为什么不够好。我们还需要问问自己到底在忙什么。这样的忙碌除了给我们压力和让我们感到筋疲力尽之外，它最终能够带来什么价值，能够达成什么目的？其实我们应该努力让自己专注，而不是致力于让自己忙起来。如果我们在一个时段里能专注于一项工作，我们会快速而有效得多，我们的精力也能够在最有效率的情况下被应用在眼前的工作上。

忙碌跟专注两者之间存在着明显差别。忙碌的目的是要把所有事情一一完成，当中包含体力劳动。对于普通、重复和单一的工作，这样的忙碌是行之有效的。但对于需要动用意志、动机、思考、观点、评估、创造力和鉴赏力的工作则不然。专心致志所达成的效果可能不会比忙碌干活儿的产量多，但最终的成品却是更为显著和别具意义的。

或许你会说："我进行多任务处理的本事可是十分到家，我不认为同时做几件事，把它们一一完成有什么问题。"我也曾经得意过自己多任务处理的本领。在这个繁忙时代里，大家都在比拼要在最短时间内完成最多，而多任务处理还变成了履历表上的必备技能项。但是，这项技能被盯上的机会却少之又少。曾经被视为正面技能的多任务处理，现在已经被证实会降低专注力和生产力。

多任务处理其实就是认知超载。它“既实用又高效”这个神话的底牌昭然若揭。事实是，当你把注意力和精力投放在不同项目上的时候，每一个项目只能获得你五成或是更少的注意力。这意味着，最终的结果和成品不会称得上完美和令人满意。正如塞涅卡所言，“要无处不在就是哪里都去不了”。

## 80/20法则

那么当我们有数不胜数的事情要做，时间却很有限的话，要怎样才可以既专注又做出最好的成绩呢？这就是“80/20法则”或称作“帕累托法则”可以派上用场的时候了。80/20法则来自一项观测结果。其结论是，80%的结果往往取决于20%的努力；或者说80%的结果往往取决于20%的原因。有时候，“无为”与“有为”其实同等重要。所以，专注于你所有创意、信念、关系、活动和承诺的20%中去吧，因为它们能为你带来80%的喜悦、价值、结果和成就。

## 将时间分割成段

另一个可以摆脱多任务处理，让你专心工作的方法是，把一天的时间分割成小块，然后在每一个时段里不受干扰地专注于手上的工作。我发现，一旦工作中途跑去检查短信、电邮，浏览网页或社交媒体，甚至是去泡杯咖啡，我的工作效率和进度都会大大放缓。故此，我们可以为这些活动分割出特定的时段，去把让我们分心的东西都分隔出来，这样我们便可以专注在眼前的工作上了。你会发现，你将能够在效率和最终品质上收获巨大。

就我自己来说，我会用“番茄工作法”来帮助自己赶上工作日程。我通常会在一天里分割出4个小时来处理我的个人事务——可以是写作或是其他事情。我会用手机应用程序上的计时器设定出25分钟的时段提示。这25分钟为工作时段，紧接其后的是5分钟的休息，休息过后便又是25分钟的工作时间。这样的方式能够帮助我专注于工作，还能为我提供一个小小的期盼——每段工作尾声之后的小小休息。

**实践：**检视一下你当前的主要关系、任务和项目。它们与80/20法则吻合吗？换句话说，它们与你为之投入的时间和精力相比，带给你更多的快乐和结果了吗？

慎选少做是通往生产力的路径。专注于重要的少数，然后把其他的都省略掉。

——蒂莫西·费里斯

## 压力兔子一点儿都不可爱

“少而丰盛”所指的，不但包括那些更少但会带来价值的家当，还包括了更少精神压力的生活。如果我们感到不快乐、沮丧、忧虑和压抑，那正代表着，我们现在在做的以及身处的位置跟我们想要的幸福并不一致。那是一个我们无法掌控自己的生活和处境的信号，它还意味着，我们现在面对的，远远超过我们的能力范围。

这种压力可归因于拥有太多东西、太多的金钱烦恼、太大的工作压力、过于紧张的关系，还有喘不过气来的处境。压力会形成焦虑，反之亦然，两者对我们的精神健康都会造成不良影响。压力妨碍我们清晰地思考和行动，它是生产力的牵绊，可以把创造力、探索性和大脑的好奇区域一一关闭。压力还会影响我们的健康、人与人之间的关系和生活的质量。

不管是否欢迎，压力都是生活的一部分。对于压力，我们可以将它减少，把多出来的部分摆脱掉，但完全无压力的生活是不可能出现的。生活中面临的挑战会构成压力，但没有挑战的生活和成长环境是沉闷又枯燥的。为了克服造成焦虑和压力的情况，我们需要调整自己的优先次序，把它调整到一个跟自己的幸福感和平静感相一致的状态。而这个最理想的状态是因人而异的，你需要为自己找到那个最恰当的平衡点。

我们每个人都有会让自己感到压力的事项。我把其中一些详细列了出来，并详述了可以减少和消除压力的方法。舒缓和消除压力需要用上一定的时间，但尽管是一丝微小的改变，也可以为生活带来显著的不同。

## 减少压力的方法

**找出压力的根源。**在我们处理压力之前，先要找出导致压力的原因。花点儿时间列出10样对你构成最大压力的东西／人／事情／处境。有哪些是可以避免、取消或是清除的？对于无法摆脱的事物，想想自己怎样才能与之磨合，减少它所带来的压力。

**简化。**亨利·戴维·梭罗一再告诫我们，要“简单，简单，再简单”。他说得没错。一桩满是冗余和多面向特征的复杂生活，也同样充满了未知、不确定、困难，以及错误。所有这些都是压力的源头。所以抛却复杂，尽可能让事物保持简单吧。这会让生命更从容。

**清理出空间。**不堪重负的感觉会给我们以压力。这样的感觉可能来自过多的物品、不够整洁、过劳和忙碌。我们需要在精神上和环境上给自己以空间，得以喘息。所以把多余的东西清理掉，只留下能够带来喜悦和价值的物品跟你一同生活吧。把它们放置在适当的位置可以带来更多的生活空间和工作空间。检视你的承诺和活动，只保留能够让你收获最大结果和成就的部分吧。

**专属自己的时间。**切勿忘记，腾出属于自己的时间去休息、放松和恢复活力。可以是5分钟的静默、10分钟的冥想，或是30分钟的体能锻炼。在这些时段里，你可以做任何能够平复思绪和让自己放松喘息的事情。

**设定自己的期望值和优先次序。**高不可攀的期望会把我们压垮，没有达成的期望会让我们觉得挫败。最了解你

的人是自己，所以不要让别人把期望强加于你，你要去为自己订下期望。你也应该订下自己的优先次序，认清什么对自己来说才是最重要的，不然其他人会为你的生活排序，给你造成不悦和压力。

**一次只专注做一件事。**之前提到过，多任务处理不仅会造成压力，还会给生产效率和工作成果的质量带来负面影响。所以一次只专注于一件事，先把它做好再继续做下一件吧。专注于会为你带来最大的喜悦和价值、成果显著的事情，把这些事排在优先序列的最前端也会大有帮助。千万不要怕去拒绝别人。

**避开紧张的处境和人。**我们总会不可避免地碰到一些给我们构成压力并消耗我们的精力的人和处境，这包括每日的通勤、拥挤的环境、嘈杂的音乐，以及工作、老板还有同事。有方法可以减少甚至避开这些事和人吗？你可以早一点儿上班或是早一点儿下班去避开繁忙时段，可以改走另一条路线，可以学习如何面对难以相处的人，或是一次性地把以上所有从生活中剔除掉。对很多人来说，大部分压力都来自工作。为你目前的工作状况作一次坦率的检视吧，看看它在利益方面、优先事项取舍方面和你的生活质量方面对你有何等影响。

**更用心。**对于经常要同时处理不同任务、关注方方面面需求的人来说，要他们变得更用心——感觉和省察当下的生命——会让他们觉得莫名其妙和难以接受。对一件事情变得更加用心，似乎会妨碍人们去完成所有的工作，使他们的生活停滞不前。其实用心带来的效果恰恰相反：在生活上更用心能帮助我们去达成人生目标，把生命活得更完满和更富有热情。做一切事都做得更用心的话，你会更享受眼前的食物和身边的人际关系，在做任何事情的时候更能乐在其中。就算是看上去乏味至极的工作——例如做家务，假如你能真切地投入其中，它们也会成为美妙的差事。如果我们能变得更用心，我们会体验到事情在当下的本来样貌。我们无法改写过去或掌控未来，但我们正活在自己所能掌控的当下。当我们感到一切尽在把握，我们便不再会感到压力了。

**慢下来。**在这个节奏越来越快的世界里，我们不断被敦促要快一点儿，再快一点儿。但为了幸福，我们必须学会慢下来。慢活倡导者卡尔·奥诺雷贴切地形容了这样的慢，“在恰当的时机慢下来的话，大家会发现自己能把所有事情做得更好：吃得更好，性爱体验更好，运动效果更好，工作做得更好，生活过得更好”。

**学会放手。**当发觉情况失控、事情有可能恶化、自己即将陷入灾难性局面的时候，我们往往会感到压力难当。有些事情我们可以全面掌控，但不管我们多么努力想要成为强者，世上同时还有很多无法控制的事情。要学会区分你有能力改变和没能力改变的东西——学会管理好前者，放弃后者。

**当一只早起的鸟。**我会把这一点归纳进来，主要是因为迟到会让我倍感压力。每当我睡过头，或是起床比原定时间晚，我会觉得我的一天就这样溜走了、被浪费掉了。我会随即感到压力临头，拼命去多做一些和快一点儿，以弥补失去的时间。过去，每当我要从一个会议奔赴下一个会议的时候，我总会感到压力重重，因为我知道有人正在等着我，而且因为我没有闲暇冷静下来为下一节会议作准备，我往往觉得自己永远都没有准备好。所以我学到了，早一点儿起床，或是在会议开始前提前5分钟到达。早起早到，总能为我的一天还有眼前的工作带来显著改善。

**实践：**你能回忆起你遇到过的一件曾经让你备感压力的事吗？你要怎样做才能减轻或消除这一压力？

当我们处于“此时此刻”的时候，却奢望着能够处于“那时那刻”，这便是压力的根源。

——埃克哈特·托利

## 焦虑于事无补

焦虑总是跟压力如影随形，纠缠出现。压力往往是由不堪重负的感觉以及无法驾驭事物的感觉所驱使；焦虑则主要来自恐惧——对未知、不明朗和不想要的结果的恐惧。当我们把未知之事形象化的时候，往往会在脑海中构想出将来的状况，赋予它一个肯定和正面的样子。与之相反的则是焦虑的样貌，焦虑投射出来的，往往是将来的挫败，还有对挫败的必然性的肯定。

当未知的和不想要的结果出现在面前的时候，我们总会用一套既定的反应方式去面对——忧虑首先登场了。我们总是担心什么地方会出错、别人会怎样看待自己、事情会怎样发展等等。我们的自然心理倾向会让我们只注重不想要的和负面的结果。可是，焦虑既无法为我们的处境带来任何价值，更无法提供解决方案。它只会把整件事及其潜在后果的负面程度和严重性放大而已。

跟压力一样，焦虑无法从生命中彻底消除，但我们可以把焦虑减少到最低限度。

## 缓解焦虑的方法

**怀有一点儿信心。**在处理焦虑的时候，让自己建立一点儿信心，因为相信自己不失为一件好事。在面临困境的时候，你要相信自己能够应付好，会想出别的办法来。每一件事情背后通常会有替代方案供我们选择。相信自己能够找到解决方案，事情会取得理想结果，这样想能大大减轻你的后顾之忧。

**承认恐惧，坦然面对。**焦虑在大部分情况下出自恐惧。面对恐惧，我们的本能反应是逃走。但无论我们逃得有多远，跑得有多快，恐惧依然会设法攀附到你的身上。减少和消灭恐惧的唯一办法就是去承认它的存在，假装它不存在，就像鸵鸟把脑袋埋在沙子里一样于事无补。一旦承认恐惧的存在，并能面对面地直视它，你会发现，它的真面目可能并不如你想象得那样可怖。一旦可以面对恐惧了，你将能够立足于一个更好的视角去思考解决方案和替代方案。

**会没事的。**你还记得过去几天、几个月、几年里你所担忧过的事吗？其中大部分应该是不会对你的人生造成深远影响的小事，而这些事发生过后，结果也安然无恙。尽管有些事情的结果是负面的，但你的人生最终并没有因此而分崩离析。所以，在被卷入焦虑漩涡之前，先学会客观地看待事情是个不错的做法。

**又不是世界末日。**应付焦虑和恐惧的最佳办法之一，是去问问自己，最恶劣的情况会是什么。答案一般并不会太糟糕。当最坏的情形摆在眼前，它通常会触发我们的求生意志，激励我们去想办法应对和解决问题。

**实践：**此刻你能想到让你最感到恐惧的事是什么？你要怎样做才能减轻和消除这一恐惧感？

焦虑永远改变不了结果。

——佚名

## 为自己抽出时间来

有时候，当我们的时间、精力和体力被不同的事、人及活动占据了以后，我们往往会忘记生命中最重要的

人——那个如果失去了，我们便会活得不成样子的人。那个人，是我们自己。这并不是一个自我中心的议题，你是自己生命中最重要的人，你需要好好地对待自己。任何物质的东西都可以被买下和更换，金钱可以被重新赚回来，但世上就只有这么一个你，而你是无法取代的。把自己放在优先位置并不是自私的行径，而是必须的，只是我们很多时候都忘了这个道理。

把“为自己预留时间”这一项放在优先位置吧。抽出时间让自己休息、独处、保持静默，什么都不做。没有什么比你的幸福、快乐和平静更重要的了。如果你缺乏精神上、情感上和物理层面的空间去呼吸和成长，那么快乐也不可能被握在手中。当把自己的住处收拾妥当，把精力和注意力集中起来，你的人生目标、成就和经济能力才会随之悄然降临。我一直都在用以下方法去让自己得以喘息、获得平静，并重新振作。

**5分钟的静默。**每当我感到不知所措、压力重重的时候，我就会走到一片安静无人的地方坐下，然后轻轻闭起双眼，静静地待上5分钟。这样的静谧和澄明状态能够安抚心灵、放松头脑，赋予我新的力量，帮助我重新投入正在处理的事务中去。

**10分钟的冥想。**冥想被证实是可以提供安详和平静的有效办法。你只需要找到一个可以静静地坐着的地方。在呼吸的时候，留意每一口气的进出。认清每一个进入你意识当中的念头和感觉，然后把它们一一抛开。把注意力放在一呼一吸的气息上。

**15分钟的逃逸。**去做一些自己喜欢的事，给自己一个呼吸的空间。例如，亲手制作或是去买一杯咖啡、读某本书的某个章节，或是在街道四周逛一逛等等。在我前一份朝九晚五的工作中，每当我遭遇挫折或是感觉压力巨大，我都会“逃出去”买一杯咖啡或是到办公室外面走走。试着利用这个休息时段逃离电脑，做些别的什么吧，此时不要去检查你的电子邮箱、浏览网页或社交媒体。让你的大脑关机休息。

**实践：**如果你没有习惯为自己挤出时间，那么现在就是个好的开始。试着找个时段让自己放松、反观自我、重新恢复活力。这段时间的长短并没有固定标准，重要的是优先为自己安排时间。

为自己抽出时间来。因为你无比重要。

——佚名

## 有目的地度日

我们谈到要把生命活到最完满，意思是指，要怀着饱满的感情，还有最深刻的感受去体验这次生命。事实上，大部分人的人生都不是平顺的通途，反倒比较像高低起伏的过山车道。而这也很正常，因为如果没有经历过低潮，我们不会懂得珍惜生命的亮点。显然，我们愿意选择更多的亮点而不是低潮，我们还希望能够把所剩的时间善加利用，将经历丰富到极致。我们可以通过更自觉、更有目的地生活来为生命增添浓度。

**活在当下。**当我们意识到、觉悟到或是体验到当下的时候，我们便算是活在当下了。我们不需要反思过去或是臆想未来，我们只需要单纯地活在此时此境。像埃克哈特·托利在《当下的力量》里所说的，大部分人正受着思想之瘾的折磨。他所指的思想之瘾是，我们并没有置身眼前，我们觉得要存在于当下是一个重担，一种我们迫不及待想要结束和摆脱的境况。我们真切地看见了，却看不懂；我们在聆听，却没有把任何东西听进去（很多时候我们还急不可耐地要发言！）；我们在工作，却只投入了少得可怜的自豪感、技艺和创意；我们不问究竟便消费购物；我们出现在四周的环境或是一些人际关系当中，却不曾真正珍视这些环境和关系。

下次你在泡咖啡或泡茶的时候，试试慢下来，留意过程之中的每一个细节。花点儿时间去嗅嗅咖啡的芬芳，品尝它的味道，体会把咖啡纳入口中那一瞬间的感觉。你将发现自己会乐在其中，更懂得欣赏眼前的这一切。

**反思一天的意图。**我在一天之始所做的第一件事，是为自己提供一个短暂的宁静时段（我把它称为我的“安静时刻”）。我会利用这一小段时间确认我对于生命的肯定，还有这一天的计划。我相信我们应该由自己来掌控一天里要发生的事，而不是听天由命。一天里可能包含了一些我们不喜欢的内容或活动，我们可能没办法全盘掌控一切，但同时也存在着在你把握之中的因素。你可以评估周遭的人和情境，选择应对的态度，让自己来作各种决定。通过向潜意识传递我们的意图，在即将开始的这一天里，按我们的意愿开展一切行动的机会将可望增加。

以下是一个训练意图的练习：在进行下一个行动之前，稍停片刻，在脑海里说出你的意图。你为什么要做这件事？它能带来哪些价值？有助你达成什么目标？你想要的结果是什么？当事情完成了，你会有怎样的感觉？

**实践：**如果你还没这么做过，可以试着有“意图”地开始一天和一天里的任务。早上，在几分钟的安静时刻里，让这一天里的情景在头脑中显现——有哪些事要去完成，有哪些人要见。同时，最好也让期待中的成果一道呈现。这可以使你和自己的潜意识相连，认识到自己更愿意怎样度过一天，乃至一生。

顺着意愿的方向，能量欣然流动。

——佚名

# 第 5 章　提高情绪幸福度

## 助推器和消磨器

在前文中，我们提到万物皆有力量相随。视乎具体事物的性质，有形或无形，它们要么增进我们的力量，要么消耗我们的力量。这些因素可以是情感、人、处境，也可以是环境、天气、食物，还包括新闻、任务和活动、色彩等等。所以要认清什么会提升我们的精力，什么会消耗我们的精力是十分重要的。在能量耗散的时候，其实我们是在剥夺能够让我们把生命活到最完满的氧气。

我列出了10项会提振我的精力，还有10样会消耗我的精力的东西。这样一份清单也是很值得你去列一列的，因为它会让你更加清醒地意识到，什么会帮助你获得最佳的表现和感受，还有什么不会。

## 我的10项能量助推器

- 每天的安静时刻，让我去肯定自己一天里的信念和意图
- 过一个富有意义、安排得当的人生
- 跟挚爱共享美好时光
- 我的清晨咖啡
- 读一本好书
- 探索城市街道
- 在大自然中漫步
- 发掘崭新的、具启发意义的商业机会，然后在这些领域用心工作
- 在怡人的咖啡馆和书店里打发时间
- 跟与我拥有一致价值观、信念和兴趣的志同道合的人交流

## 我的10项能量消耗器

- 消极

- 乱块
- 人群和噪音
- 嘈杂的音乐
- 看电视
- 读新闻和收看新闻
- 在社交媒体上花掉太多时间
- 好争辩和不讲理的人
- 沉闷的对话
- 单调乏味的工作

**实践：**列张清单，把让你感觉提升能量和消耗能量的事物一一写下来。对于前者，多多益善，对于后者，尽可能避开。

多做能让你快乐的事。

——佚名

## 提防空虚感

大部分人的生活中都有“空虚的洞口”。也许是一个小孔洞，也许是一道巨大的裂缝，它们全都是被一些我们渴望得到却没有得到的东西撑开的。我们会设法找来各式各样的东西来填补这些缺口——新颖闪亮的玩意儿、大洋房和名牌坐驾、令人羡慕的职位、漂亮的人相伴左右，以及食物、媒体和娱乐。因为我们填补这些洞口的速度不够快，所以它们故自张大，等待着被下一轮的消费再次填满。这些中门大开的洞口一边吞噬我们的能量，一边撕扯着我们。一个洞口其实是一种症状。在找出补救办法去填补这些洞口之前，我们首先需要寻根究底，明白造成这些状况的背后缘由。这样我们才能用最适合的东西把它填补好，让它封闭起来。

除了过度消费主义和物质主义以外，慰藉饮食和盲目的媒介消费[1]是两个最常见的生活缺口的具体表现。我们应该去看清楚它们的本质，它们其实是借口和干扰，叫我们逃避真正的问题。

**慰藉饮食。**食物可以为我们提供能量和营养，既美味可口又能温暖身体。但就像酒精一样，食物不时会跟情绪状态纠缠在一起，我们会不自觉地把它视作奖励、惩罚、

1 媒介消费，大众传播学的常用术语，泛指人们获取和享用大众媒体精神产品或传播服务的各种活动。——编注

庆祝、娱乐、陪伴、孤寂、悲伤和坏习惯等等。食物能够平复我们的不安和自卑，把悲伤、孤独连同解决问题的迫切需要一并击退，从而成为内心空虚洞口的填充剂。食物能安慰我们，从来不会批评我们，所以我们常常会想得到它，并且越多越好。

慰藉饮食无法真的填补空虚。它所助长的，是我们对安全感和拖延的错误观念。它延迟了我们要坦诚面对自己的需要以及面对生活里的空洞的需要。我们现在不光是要吃，而是要更多食物来让自己觉得“饱足”，我们的身体也在这个过程中变得越来越肥胖，越来越不健康。

去改变你跟食物的关系吧，不要再把它们视作慰藉和安全感的来源，而是把它们看成获得营养和体力的来源。去练习有意识地饮食，只吃你所需要的量，用心品尝每一口，注意食物的味道和质感。让自己细细品味，吃够了便停下来。慢慢吃，给自己多点儿时间去欣赏面前的食物，给你的胃多点儿时间，让它去告诉你已经足够了，容许它向你发出何时将会吃得过多的警告。

在日本，有一种名为“八分”的生活哲学，有助于人们对食物保有更清醒的意识。也就是说，吃到八成饱就可以了。通过有意识地自我控制，我们可以改变我们的健康

状况，让我们与食物之间保持一种健康的关系。“八分”是基于对这样一个生理过程的认识：由胃向脑传递感觉饱足的信号，需要20分钟。所以如果你吃到八成饱的时候停下来，等上20分钟，就会感觉自己刚好吃饱了。

**盲目的媒介消费。**过量且随意地看新闻（大部分新闻都跟坏消息有关，在我们的周遭蒙上一道阴影，消耗着我们的能量）、漫无目的地切换电视频道、沉迷浏览网页和查看社交网站等等，都是空虚洞口的填充剂。它们是用来覆盖生命中的空白的潜意识行为。我们试图把使人厌烦、让人分心的东西，连同拖延、孤独和无的放矢的负面情绪埋藏到看不见的地方，然后让别的东西进驻到我们的脑袋里。很多人惧怕面对这种无聊和空虚感背后的真正原因，而去分散“心猿”（东想西想的心）和思绪则要简单得多，而且不会造成太大的痛苦。但是，不管我们费了多大的力气去逃避，那头驱赶不掉的白象仍然伫立在房间中央。

当我开始简化自己的生活，开始检查哪一样东西会带来价值、哪一样不会的时候，新闻首当其冲成了第一样应该消失的东西。它只会把消极的力量灌注到我的生命中，让我觉得这个世界是一团糟。作为正能量的崇尚者，负面新闻对我来说可是一大禁忌。但是同时我也知道，屏蔽一方面是祝福，另一方面却会滋生无知。为此，我还是找到了一套方法——粗略地阅读新闻标题，让自己大致知道时事，却不会被吸进不幸和沮丧的漩涡里。更重要的是，所有我会看到的新闻类别都是预先经过选择的，这样能够确保我所看的新闻都是资讯性的、正面的。通过在接触新闻上所作出的这些细微改变，我在身边的世界和人群里看到了更多美、善和灵感，而这都是正面的！

看电视的道理也一样。我不再拥有电视机，连电视节目也不再定期收看了。可是，当我需要一些娱乐的时候，我还是会挑选一些我喜欢的节目和电影来看。

要学会好好跟自己相处，适应自己一个人的状态。让自己有宁静的时刻，听听内在的声音，然后去找出你真正需要的是什么。是人生的目标吗？是一段有意义的关系吗？还是一个让自己成长的挑战？你不用总想着摆脱掉无聊的时刻，学会与之共处吧，因为它可以成为叫我们慢下来、歇息一会儿的信号。当自己，仅此而已。

生命有10%是发生在你身上的事，90%是你选择面对这些事情的反应。

——佚名

## 选择能够让你强大的关系

通过人与人之间的交流，我们发现有些人会让我们有正面的、被支持、被启发、被激励的感觉。在和他们相处的时候，我们往往会感到更快乐、轻松、充满活力，能够感觉到自己可以成为更好的人。而另一些人却会给予我们截然不同的感受。所有这些人与人之间的相互影响是会被放大的，视乎我们的性格到底是外向还是内向，或者两者兼有。

迈尔斯·布里格斯性格测试指出，一个外向的人在与外界的人、事和活动互动的时候，他的精力会增加；相反，这些互动却会让内向的人觉得筋疲力尽，独处的时间反而会让他们受到启发和重新感受到活力。所以，视乎规模与程度的不同，人际互动既能提振又能吸干我们的精力。而且，视乎与我们交流的人的性格类型，人与人之间的互动还能让我们有振奋或是被击倒的感觉。

因此，正如对待消费、个人财物还有思维方式时要善加斟酌那样，我们在选择要与谁做伴时也要格外留意，因为他们对我们自身的生活还有我们的个人幸福都会带来影响。我们应该去维系和滋养让我们更强大和更有活力的正面关系，同时摒弃让我们自我感觉微不足道和抽干我们精力的关系。我们要为那些能够启发我们并有助于我们成长的关系腾出空间来。

从现在开始留意一下，你在不同的关系和互动中的内心感觉。你会感到快乐、被爱、被启迪、被支持和变得更强大吗？还是会感到消沉、抑郁、沮丧、疲惫，觉得自己不够好，根本就是一个失败者？你当然不想被后面这种情况拖累着裹足不前，因为在你追求更快乐美满的人生的过程中，让你有差劲儿感受的人没办法为你带来什么助益。

商业哲学家吉姆·罗恩有句话是这么说的，“你是五个跟你相处最久的人的平均值”。你可以从价值、智商、成就、财富等等方面来分别对这句话加以考察。把你的精力和时间投放在能塑造和成就你的人身上吧，不要把它们浪费在让你失望的人身上了。

## 以下是我会远远避开的人：

- 持续处于消极状态，常常抱怨、情绪化严重的人
- 不停地谈论自己，自我沉醉得没法与别人正常交流的人
- 好争辩、让人觉得咄咄逼人、无法容忍不同意见的人

- 无知和沉闷的人
- 缺乏梦想和希望、厌倦生命的人

以上并不是说要避开那些与我们的观点和视角不一致的人。重要之处在于，无论这些人的价值观和视角具体是什么，他们是否能让我们循着他们的独特视角而引发思考，进而获得成长。当一天结束之际，这些不同观点在本质上是否让我们变得更加积极和富有建设性，也就是说，是扩展了我们的思维方式并促进了我们的成长，还是为我们带来了负面气场和消极评价。

有些关系比其他关系要更难以舍弃或抽身而退。家人和亲戚就是这样一个例子。我发现，应付这些关系的最佳办法是，公开和坦诚地表达你希望你的人生成为什么样子，他们目前的行为是怎样无助于你达到这个理想的状态。向他们解释，你期望他们如何言行才能更好地影响你，支持你。如果他们对你的建议抱开放态度，那就最好不过了。如果不是这样，你当然不能公然与他们断开关系，所以你只好选择减少与他们相处的时间了。

对于那些会消磨掉你的精力的朋友，你也可以有同样真诚的讨论。给他们几个月的试验期，看看你在他们身边的时候是否有积极正面的感觉。如果不是，立刻与他们保持距离，不要再花时间跟他们在一起了。不要为失掉这段关系而感到内疚。如果你能够诚实面对自己，你知道他们不会为你的人生增添任何喜悦和价值。让你的生命中活跃着那些会尊重你、支持你、鼓励你、相信你的梦想和人生目标的人，还有会真心喜欢你的真我的人吧。

**实践：**检视一下此刻你生命中的人际关系，分别归入“积极的”“有待提升”“消极”三类。多花时间和精力在令你感受积极的人的身上，对于列入“有待提升”名单的人，寻求关系改善和彼此认同，限制自己与“消极”名单上的人的相处时间，减少共事可能。

你无法改变身边的人，但你可以改变出现在身边的人。

——极简主义者

## 控制愤怒

埃伦·霍普金斯曾说过，愤怒是合理的情绪。然而我们一旦被愤怒操控，它会驱使我们去做我们不想做的事情，到了这个地步它开始变得丑陋。当别人施加伤害，或是事情不如我们所愿发生了，我们会感到受伤、恐惧、沮丧、失望、嫉妒和内疚。这些都是原始情绪，它们都是被不如我们所愿发生的事情所触发的。但是，触发点与反应之间存在着一个空间，一个让我们决定要如何反应的空间。里面居住着的，可以是成长与自由，也可以是痛悔和被囚禁的情绪。当我们选择以愤怒回应的时候，我们的嘴巴会运动得比脑筋还要快。愤怒是次生情绪，它是原始情绪的掩饰，是对原始情绪所作出的反应。

愤怒既是求生工具，也是力量源头。怒气冲冲的人的肾上腺素会瞬间飙升，从而表现得超乎想象。我们都听过类似这样的事，当一些人被触怒了，他们会发狂般地打扫屋子，或是跑得像豹子一样快。愤怒可以借由一些具有建设性的渠道被宣泄出来，很多人因为无法再忍受现状而毅然开创新的活动和商机。

可是在另外一面，压抑怒气或是长时间与之相持，会对我们的情绪造成相当程度的破坏。扼杀情绪则会导致外在的爆发，或是内在的躁动，或者两种情况同时发生。这是我们应当尽力避免的。

紧抓怒气不放如同喝下毒药，只是你期待最终中毒身亡的，会是别人。

——佛陀

故此，我们的目标是去把触发点跟自身反应之间的空间扩展开来。这个空间跟你“数到10”的时间长短大致相同。通过这样做，我们会给自己更多时间去分辨原始情绪是什么，以便让我们选择该如何反应。我知道，这一切都还只是理论角度的分析，以下是一些我自己悟到的用来管理怒气的方法。

**深呼吸。**或许你会想，这个听起来未免太简单也太不费力气了吧。但是当我们怒发冲冠、只想大发雷霆的时候，要自己深呼吸并且有意识地进行这一自然而然的动作，是相当困难的事。在怒气要满溢出来之前，你可以在想象中拾起一把虚拟的剪刀，然后参照佩玛·丘卓所说的，“把怒气的嫩芽剪掉”。接着深呼一口气，作一个深度的呼吸。此时怒气虽然依旧会环绕在头顶，但你已经成功地将自己从最恶劣的行为和反应中搭救出来了。

**提防触发点。**每当被别人惹怒了或是遇到事情不顺心的时候，我们往往会感到心脏一直往上冲，脑袋里灌满了

血液。要释放团团积聚的压力，我们惯性的反应是在言语行动上大发雷霆。我学着减少情绪爆发的方法之一，是去注意和提防这些触发点。每当我意识到像上面提到的那样血液开始沸腾，我会承认这个事实，并在作出反应之前按耐住自己。我发现，就算只是短短的两秒钟，这样的延迟也会让我作出不一样的反应。它给了我一个自我反省的空间，让我可以更深入地咀嚼自己的心理，并思考将会带来的后果。最终的情形虽然大致上还是会反映出愤怒，但我现在却可以真切地针对隐藏在背后的原始情绪刻画出我的反应。所以我现在可以换成说“你刚才说的真的很伤人，你的话让我觉得……”，而不是大声咆哮“他妈的”。

**拓宽你的界限。**这是莱奥·巴波塔在他的博客“禅宗的习惯”上所分享的方法。通过把视野界限从我们理解并看重的层面延伸至别人理解并看重的层面，我们或许会发现，别人的一天其实过得不太顺畅，又或者他们的人生其实困难重重。这不是要为那些人的行为找借口，但这样做会让我们获得对他们的更多怜悯和同情，进而平息对他们的愤怒和失望。而要恒常地延伸我们的界限却是一件困难又艰巨的任务。不过，如果我们能够学会更加留意我们的冲动时刻，我们会开始看到反应上的微妙变化，而这些变化也终会化作习惯。

**实践：**还记得让你的怒火一点就着的情形是什么吗？下次有类似的情况发生时，试着留意一下，看看自己能不能更好地控制怒气。

愤怒唯一的灵丹妙药是延缓。

——塞内卡

## 嫉妒是情感上的浪费

我们所有人都会羡慕别人、嫉妒别人，对吧？其实并不是这样，并非每个人都会把羡慕和嫉妒当成一种情绪体验。我很少会羡慕或嫉妒别人。为什么？可能因为随着时间的流逝，我学会了去接纳自己和自己的能力所及吧。如果我看到有人怀有我喜欢的特质，或是看到一个我想置身其中的情境，我会干脆地告诉自己我也能成为那个样子，而不会单纯地羡慕。所以我在某种程度上是很幸运的，因为我不用常常去面对嫉妒或是羡慕得“眼睛都绿了”的情况。

我们的社会里充斥着嫉妒、羡慕和贪婪，这些都是崇尚竞争和物质消费主义文化的副产品。嫉妒虽然被“雄心壮志”和“积极上进”这些正面标签所包装，但它还是来自竞争的衍生品。嫉妒会生出不满足，我们一般所指的“盲目攀比”的文化也会助长这种感受。嫉妒更可以从实质层面跳脱到情感层面，像从“我很羡慕他的智商”，到情感层面上的“为什么他跟别人在一起的时间比跟我在一起的时间多”。

要摆脱嫉妒纵然很困难，甚至几乎不可能，但我们还是可以做到的。嫉妒是情感上的浪费，除了因为它起不了多大的作用之外，还反倒让我们有不足和匮乏的感觉。许多负面的情绪都能够起些作用，例如痛苦让我们知道有什么地方不对劲儿、恐惧提醒我们在行动之前要好好观察一番、愤怒告诉我们自己受到了伤害并且感到沮丧，但嫉妒除了大肆宣扬我们的不安感之外，一无是处。以下是一些阻止那只“眼睛都绿了”的怪物卷土重来的方法。

**知道自己的长处。**每当你发觉嫉妒悄然降临了，你一定要多加注意，并遏制它继续逼近。把视线转移到你的长处和天赋上吧。我们每个人都有自身所长和别具特色的一面，总有一些东西是能让我们脱颖而出的。多去留意自己已经拥有的东西，多注意自己今时今日的模样，你会为之感到更欢欣鼓舞。

**所有事情都是相对的。**我们一定要问自己是在跟谁比较。世界上总会有状况比你好的人，同时也有很多比你糟的人。我们总会拥有一些羡煞旁人的东西，也总会遇到让我们自我感觉匮乏的人和处境。这是一个无穷无尽的循环，我们必须学会在这个循环的某个点上好好做自己。世上有数不胜数的赢家和输家，一切只关乎你是要跟谁作比较。

**专注在旅途上。**人生不是一场角逐，而是一趟旅程。不要在意自己在众人里的排名，专注在自己的路途上便足够了。我们每个人都渴望成为出色的人，想自己学会点儿什么，创造出什么。但这是一个很个人化的追求，所以别人竞逐的方向其实跟我们扯不上多大关系。我们只需要关注自己想成为什么、想得到什么、想到达哪里，这些才是最关键的问题。

**学会去爱戴“足够”。**还记得*Lagom*吗？不多，不少，恰到好处。当我们想得到别人已拥有的东西的时候，我们应该拿这个观念提醒自己。物质追求是一个无止境的循环，我们永远也不会拥有得足够，世上也总会出现比我们优秀、拥有得更多的人。你所拥有的已经恰恰足够，学会领悟这个观念吧——足够的食物、住房、衣服和关爱。如果善于这样想，你便会知足常乐了。

**与缺憾共存。**世界是不完美的，世上也没有完美的人。我们并不完美，日后也不可能变得完美。缺憾塑造了我们今天的模样，正如“侘寂”一词的精义，残缺也蕴含着绮丽。我们自身所呈现出来的便已经是完美了。

**祝贺别人的成功。**我知道这或许很难做到。面对别人的成就，我们的惯有反应是嫉妒，继而是对那个人的价值再评估。但是，你可以试着通过他们的成就去帮助或支持更多的人，你会发现，你也将会在这个过程中获得成长。

**实践：**是否有什么情形或是什么人让你感到嫉妒？引起嫉妒的原因是什么呢？要怎样做才可以减轻或消除这一嫉妒情绪？

享受不与人作比较的人生。

——马奎斯·孔多塞

## 学会放手

我们往往会把快乐依附于某些事、某些人和熟悉的情境之上。所以，当这些消失不见了，失落便会渐渐渗透进来。我们把自己跟感受拴在一起，甚至把负面感受，例如恐惧和失望也纳入其中。我们憎恶要放弃这些感受的日子，因为它们会把安全感和舒适感一并带走。我们让自己呆坐在遗憾和失落里，不断重播着追悔往昔那些错失掉的“本来应该”“本来将会”“本来可以”的念头。

有很多人会因为紧紧抓着一些东西、人、过去的遗憾不放，而沦为受害者。而对于这些东西、人和过往的依恋不再对我们有益，反倒对我们造成伤害，那是妨碍我们的人生迈步向前和实现无限潜能的一大阻碍。如果不放开这些牵制着我们的东西，生命会变得负担重重，如同没有松开刹车装置就开始驾驶一样。

仔细查看你的周围、你的人生、你和身边人的关系，以及你的财物。这些东西、人或情境是否牵制了你？你有多余的杂物吗？倒霉的关系呢？痛恨的工作呢？我们必须问自己，“抓住这些东西不放的目的是什么”，还有“它会为我的人生带来价值吗？如果不会，是什么在阻止我放手”。

是不是因为它能够让你感到安全和舒适？还是因为是社会观念叫我们这样做的？那么，如果你干脆抛弃那些正拖累着你，让你无法过理想生活的东西呢？在收获一个更干净和乱块更少的家以后，你会有什么感受？你能想象一个更平静、清晰，不需要再跟自卑感、焦虑还有压力交锋的人生吗？一个有更充裕的时间、金钱和满足感的人生又怎样？

对放手和忘怀的不情愿与嫌恶，不但浪费光阴，还会消耗精神上和情感上的能量。不肯放手会限制我们经历当下的喜悦的能力。假如我们被恐惧囚禁，我们将无法彻底活出自我并好好经历生活中的每一分每一秒。你一旦停止去努力占有、攫取和掌控周遭的世界，你便是把自由还给了这个世界，让它不带任何杀伤力地去成就你。所以，放手是非常重要的，放手实际上是开放空间，让快乐进驻其中。

放开你的依恋不是一桩轻松的任务。在面对因为各式各样的原因而想紧抓不放的事物、关系和情境的时候，你需要对它们的解读方式、交流方式和经历方式作出改变。这是一个需要每分每秒、日复一日地有意识地遵守的承诺。

那么，我们怎样才能学着放手呢？

**对每一刻心存感激。**接纳眼前的日子。不要纠结于过

去，不要构想现在可以做点儿什么去让这一刻延续下去，或是想以后你会干什么，赶快趁着这一刻还未成为过去而尽情享受吧。没有什么东西是长盛不衰的，你不可能每天都重新打造出自我感觉完美的日子，不可能百分百肯定一段关系能够持久，更不可能确保一种环境能一成不变。所以好好享受和欣赏当下，以及当下所拥有的一切吧。让此时此刻更富有意义。对于经历而言，重要的在于质量，而不是数量。

**寻找核心自我。**我们自身会改变，身边的人会改变，情境也会改变。改变是这个不断成长变幻的世界的一个不可或缺的状态。然而，我们的内在却有一些无论经历多少改变也不会变质的东西。假如我们仅是用财物、关系和职位去定义自己，那么当这些东西都消失不见的时候，我们不仅会失去曾经拥有的以及跟我们有关联的东西，我们还会失去自身这一独一无二的个体。

所以定义一个核心的自我吧，让这个定义成为在历经风雨的时候仍然能屹立不倒的基石。至于我自己，不论我的内在和外在产生了怎样的变化，我永远都会是那个追随快乐、丰足和极简的人，在这一点上，我的身心始终如一。

**诘问你的依恋。**如果你对某些特定的目标怀有迷恋——一个理想的财富水平、一段完美无瑕的关系、一份梦寐以求的职业，你可能正沉醉在相信总有一天，一切都会与快乐连成一线的幻觉里。现在就去度过一个富有意义的人生，去达成你的目标吧。唯有对美好生活的不懈追求才是一个不会构成任何伤害的依恋。

**去爱，而不是恐惧。**我们之所以会紧抓过去，也许是因为我们惧怕——害怕犯错和不再遇到同样的机会。当你恐惧的时候，你会自然而然地焦虑起来。所以抛开对万事万物保持确定感的需要吧，因为生命本来就牵涉未知之数。转而把精力集中到你深爱和能够创造快乐的事情上来。

**对不同的可能持开放态度。**放手对很多人来说意味着烦恼，因为我们已习惯于当下的情境。我们害怕一旦放开手以后，覆盖着我们的安全毯会被掀走。我们常常会依偎着一些人、事和情境，因为跟他们在一起有一种舒适感。我们清楚地知道他们会给予我们什么样的感觉，或许是快乐、安全、熟悉和可以预知。勇敢一点儿，把新的事物、关系和情境纳入考虑吧，因为它们或许能为你带来同样程度甚至更浓厚的感受。唯一可以去发掘新事物的方式就是放开手，向崭新的可能敞开心房。

**学会享受个人时光。**我很爱自己一个人的时刻，独处可以给我舒适的感觉。我也喜欢有他人在身旁的陪伴，这让我可以从周围的事物中得到启发。学会孤身一人也能处之泰然，可以让你不用依赖一段关系或是特定情境而支取快乐。这样会让你变得更为独立，无论何时这都是件好事。

**培养健康的关系。**我认识一些把自身幸福和价值都拴在别人身上的人，他们需要某位特别的人或某段特别的关系来获得自己存在、快乐和成功的意义。如果这些关系出了岔子，他们的生活会随之彻底崩溃。不要过于看重人与人之间的关系，不要让它们成为煞费思量的关系，要让它们成为健康的关系。你是独立而完整的个体，而不是别人的另一半。你依然可以跟他人走得很近，但如果你抓得太紧的话，双方最终都会窒息，而那是非常不健康的！此外，尽量不要把自己限制在一两段重要的关系里，因为对方会成为你生活中仅存的命脉。对新的联系和机遇抱开放态度吧。

**不后悔。**我们已经在前文回放过“本来应该”“本来将会”“本来可以”的把戏——那种如果早知道的话，自己应该可以做得更好的想法。内疚和遗憾事实上是在告诉你，现在的你已经知道得更多了，而你也已经上了一课，所以该是时候勇往直前了。现实已然变成现实，你无法扭转过去，但你可以创造现在，影响未来。

**痛苦是无可避免的。**直到我们到达那谜样的天堂之前，痛苦会是人生的几个常数之一。我们终将会失去一些东西，无论是我们在乎的人还是我们所喜欢的情境。痛苦在某种程度上教会了我们去珍惜每一刻，让我们了解到没有什么是永恒不变的。所以我们需要灵活应对，对人对事处之泰然。痛苦纵然无可避免，但造成的伤害却是可以具有选择性的。

**改写你的故事。**把事情说出来和写下来，有助于我们释放那些需要放手的事物，这是很具治疗作用的。而改变我们对自己述说的故事本身，也非常有帮助。在故事中，我们需要重新定义一件东西、一些人还有场景对于我们的意义，吸取因他们的出现而带给我们的教训。想想他们能否使我们受益，如果可以，那么到底是如何受益的。这样有助于我们去正面地看待事情，让放手的过程来得更容易而且没有痛苦。

**实践：**有什么东西或事情现在依然盘桓在你的生活之中，让你难于放手？你无法放手的原因是什么呢？

为了给生活带来喜悦和轻松，你要做些什么才能慢慢放开这些东西或事情呢？

接受现在，忘掉过去，相信未来。

——佚名

## 顺其自然，依灵感而行

我发现，学会“顺其自然”是生命中最被低估的技能之一。付出努力并没有错——毕竟努力是让我们行动、成长和具备生产力的东西。但如果某些情形下的努力会让人苦苦挣扎，表明里面一定有一些不“自然”的东西存在，而它正在消耗我们的精力，也很可能与我们的最佳利益背道而驰。

假如你的生活方式并不合于自然、你的人际关系和工作是一段段持续的折磨，如果难关接连冒出来挑战你的忍耐极限，其实你正在逆流而行，而不是顺势而升。逆流而行会耗尽一个人的精力，因为你需要不断抵抗、挣扎、否定，不断辩解、压抑和与之拼斗。这可能是一个迹象，预示着你身处的或是正在争取的，并不真正代表你或属于你。

所以保存你的精力去追寻你的目标，释放你的热情，让自己顺流前进吧。

最伟大的自由是天人合一，人成为这个自然洪流的一部分。这样的概念接近道家的“无为”观——字面意思即什么都不做。这不是说我们要无所事事，说的是我们不应盲目作出任何抵抗这股自然力量的行动，反而应该任它浑然天成。

这句话对不同的人来说可能会有不同的理解。正如溪水流过岩石，两者不但按其道而行，重要的是，它们还双双顺应天命，各司其职。水之为水，石之为石，双方都无须耗费任何气力，便形成了如此一幕天然状态。

勉为其难地想催生出点儿什么，往往会弄巧成拙，让我们距离目标和终点越来越远。举例说，在过去几周里，我一直在尝试写出一篇文章，但我待在电脑前好几个小时，最终却只写出了少得可怜的内容。不像今天一爬起床，我便感觉灵感涌动，迫切地想把文章写下来。于是我立刻放好键盘，不一会儿，文章就自然而然地出现在那儿了。对于新创意和项目的冥思苦想也是一样，我学会了要顺其自然。当时机适合，不需要我去抓破头皮，四处寻求，它们会自然而然地出现在我脑海里。所以不要在勉为其难中挣扎了，学会遵循灵感而行吧。

为无为，则无不治。

——老子

## 感恩的心打开知足的门

如果在一张白纸的正中央点上一颗黑点，然后问“你看到了什么”，你的回答很可能是“一颗黑点”。大部分人看不到的，是包围着黑点的整片白色汪洋。在生命中，很多人在人生出错的地方一再流连徘徊，而忘了为其中好的一面抱感恩之心。顾客意见回馈也可以体现出同样的道理。大部分人懒得去反馈好的使用感受，更多的，是被不好的事触发而去提出申诉。一个人如果心里感觉到的坏比好多、匮乏比充裕多，这其实是一种不满的感受。

不知足是不愉快的来源，因为我们觉得自己的境况本应要好得多。当我们对已经拥有的不再感到满足，这种不知足会推动社会层面的物质主义和过度消费。由于我们不再喜欢当前的状态，它还会助长我们对于物质的依赖。其实，不知足可以化为改变和成长的原动力，我们只要把它放进适当和正确的管道里就可以了。

不知足的反面是知足，而唯有感恩，才能使人知足。要变得知足，我们需要多留意身边的好事。感恩便是对于周遭存在这些美好事物的确认。感恩之心需要我们专注于一切自己已经拥有的美好事物、关系和处境，而且还要更多地欣赏它们。关注生命中的美好，同时意味着对生命中的坏事花费更少心思。所以，感恩直接收紧了不知足浮现和肆虐的空间，还同时增加了让快乐扎根的机会。

在我开始实践极简主义之前，我很少感恩，虽然那时我拥有一大堆东西，但还是觉得因为缺了这样那样而被匮乏所包围。如今我拥有的物品非常少，反而对已经拥有的这些心怀感谢。我很清楚这些东西为何会出现在我的生命中，以及它们所带来的价值是什么。

众多科研结果指出，会感恩的人都比较快乐。他们一般会有更浓郁的幸福感、更健康的生活方式、更强壮的体魄、更积极乐观的心态，并对人生抱有更为正面的憧憬。不仅如此，怀着浓厚感恩之情的人对物质的持有也很可能会低于平均水平。

感恩之情能够贯穿于不同的生活阶层。身在伦敦的我遇到过来自各行各业、坐拥不同程度财富的人，一些人无论拥有得多与少，总是会心存感激；另一些人纵然富甲天下还是会故自抱怨，而拥有得比较少的则会更加愤愤不平。我曾踏足过第一世界，那里的人过着高质量的生活，但充裕的生活水平却没办法反映出与之相当的快乐水平。我也曾到访过第三世界，那里的人拥有的只是少量的简陋的物品，但在生活用品稀缺和现代奢侈品匮乏的环境中，他们却能惬意满足地享受那零星的家当，过着简单快乐的生活。当我在巴厘岛的时候，看到一群小孩边向游客兜售自制手链，边沿着沙滩开怀畅谈、欢笑嬉戏。他们没有名牌衣裳，也没有手机或iPad，但这样无忧无虑、无拘无束的喜悦却是我此生前所未见的。

我尝试着把感恩化作每天的习惯。每天早晨，我做的第一件事便是列出三件让我为之感恩的事，然后在临睡前再列出另外三件。这样能帮助我更积极地去开始一天和为一天作结。在一天的光景里，我也会尽量去注意那些让我感到幸运的事物，好让我把不悦和不满远远丢开。

无论我们此生身处的情境和条件如何，其中必然存在着会让我们感恩的事。如果我们不懂得欣赏细微之处的美好，当再盛大的事物出现在眼前，我们还是会看到匮乏。我们只能永无休止地活在短缺、不知足和不愉快的循环里。

最重要的，是要对生命心存感激——因为它包含着有涯的时光，却蕴藏着无限的机遇。

**实践：**留意那些你已经拥有的和生命中的顺境，时常为之心怀感激。醒来和睡前时分，记得分别在心中列出三件让自己感恩的事。

并不是幸福的人才会感恩，而是感恩的人会收获幸福。

——佚名

# 第 6 章　健康的经济状况是一种自由

## 金钱意义重大，但金钱并非一切

在绝大多数人的眼中，生命的首要目的是收获幸福完满。金钱在某种程度上可以促进并实现幸福和快乐，它可以让我们享用容身之所、漂亮的衣服、宾朋宴饮、大峡谷的旅程，帮助我们在社会上取得更高的学位，或是拥有一份逗人开心的小礼物。金钱是不可或缺的，而且牵涉到生活中的众多领域。除非你可以完全做到自给自足，或是依靠以物易物的办法维持生活，否则，你无法逃离当下金钱主导的经济体系。

极简主义不是要和消费主义唱反调，它其实是会让人更清醒地意识到消费主义的目的，并提出自身的质疑。同样，秉持“少而丰盛”的生活意愿也不是要跟有钱或是拥有更多钱的观念针锋相对、相互抵触。极简主义的生活方式当然意味着喜悦与快乐，而不是沮丧和匮乏。

最关键的是，我们要弄明白金钱代表什么和不代表什么。我们抱持着不同的金钱观念去过日子，有的正确，有的错误，有的健康，有的不健康。正如看待所有事物一样，要让金钱有效地被我们使用，我们必须与它建立正面而健康的关系。要做到这一点，我们需要了解并接受与金钱有关的三个重要事实。

**金钱是达致目的的工具。**金钱只是一种被我们赋予了价值，用以换取货品和服务的法定货币。有些人说自己爱钱，喜欢拥有钱。其实他们的真正意思是，他们喜欢金钱的力量，还有伴随着拥有金钱而来的个人地位、可以自由享用的货品和服务。金钱是一种工具，它允许我们得到所需所想之物，是达到最终目的的方法。从这个意义上来说，我们完全不应该当金钱的奴隶，反而应该去操控它们，使之为我们服务。金钱是差劲儿的主人，但却是一个好仆人。

**金钱非善非恶。**在一些人的成长观念中，他们认为金钱是邪恶的，认为腰缠万贯只会使人败坏堕落。这些观念并不正确。要记住，金钱只是一种工具，一个达致最终目的的工具，它非善非恶。我们如何使用金钱才是问题的关键，而使用方法决定了我们是否正在善用金钱。我们不应以贫穷为耻，但也不应该深以为豪，因为贫困并不是一件好事。贫困牵涉到匮乏，而匮乏通常会招致焦虑、压力和不满足。这些显然都不是喜悦和快乐。

**金钱是一种能量。**跟所有东西一样，金钱也是一种力量。如果一个人认为生活是艰苦的，金钱从来都来之不易，而且拥有金钱是不好的，你猜结果会怎样？抱着这种排斥的想法，你不大可能会看到财富滚滚而来。所以，建立正确的金钱观、拥有赚钱的路径非常重要。以金钱的价值和实用性去接纳它，好好筹划，去赚取能够符合你的需要并提供喜悦与平静的数额便够了。

**实践：**在你日常的观念里，你怎么看待钱，钱和你的关系是什么样的？这些观念是健康有益的吗？是有助于保持你的财务健康并达成生活目标，还是造成了障碍？

钱不是唯一答案，而是让情况有所不同。

——贝拉克·奥巴马

## 时间是我们最宝贵的资源

人生是不公平的。我们出生在富裕程度不一的国度和家庭里。有些人天生就比较好看、身体健康，有些人有着许多人求之不得的天赋和才能，有些人会侥幸获得机会让自己得到额外的提拔，这样的例子实在太多了。然而，有一样东西对所有人来说都一视同仁。无论富贵或贫穷、资优或平庸，我们共同拥有的是时间。我们每个人一天都有24个小时，每小时60分钟，每分钟60秒。金钱、才能甚至劳力士手表都无法为你换来更多时间。

时间是最宝贵的资源，它是绝对而有限的，你不会欠了时间的债。如果你在某个人或是某件事上所耗用的时间比想象的多，那么可以花在别的事情上的时间便会被夺走。所以，当你花时间在某个人身上的时候，那段光阴可能是你所能献给他的最宝贵的东西之一，因为时间一旦给出去了，它便告消失无踪，不可能再被赚回来。金钱可以重新赚回来，但我们一天不可能拥有多于24小时的时间。把金钱枉花在乱块上是另一回事，因为金钱可以被重新赚回来。但是把时间耗费在赚取那笔钱，再把钱花费在乱块上，就是在耗费我们最珍贵的时间，而时间是一去不复返的。

因此，我们如何利用时间以及如何提升单位时间内的生活质量，是为我们的生活带来目的、意义和价值的一大课题。无论你的出身和生活环境如何，你所关注的东西是什么，如何运用时间将会是决定你人生的意义和成就大小的关键。

接受生命的本质——一个充满无限可能的有限光阴。

——极简主义者

## 充分利用极简预算

极简主义的目的是要找出你的真正需要，还有让你获得快乐和幸福的必要因素，继而有针对性地满足这些需求。极简预算在意的，是要了解你需要什么才会感到满足，以及在满足这些需要时如何才能最有效地分配你自身的资源。在我们的社会中，过剩成为一种常态，我们常常忘记了，拥有恰好足够的东西并不意味着匮乏或丧失。

常规预算的目标是要把有限的金融资源分配好，以平衡我们的收入和支出，充分利用每一分钱，防止自己入不敷出、借贷度日。要妥善地筹划预算，我们必须减少花费或是多赚点儿钱。

极简预算跟常规预算相差无几，只是极简预算会更为强调什么对你来说是真正重要的。所以，除了谨慎的筹划和监控好每一分钱之外，我们还要看看某一项收入和支出是否会为生命增添价值，并给我们带来喜悦，然后可以把多一些资源分配到这类项目上。与此同时，我们还得削减不会为我们的幸福带来多大意义和价值的非必要开支。

节俭和财务敏感是美妙无比的技能，它们对一些人来说更是必不可少的。而对于极简预算而言，更注重谨慎的决策。我承认，虽然有些人必须要靠勒紧裤带度日才能让经济状况恢复正常，但是极简预算跟吝啬和故意忍受匮乏的生活完全扯不上关系。要记得，极简主义应该是一种享受，而不是匮乏。人生的首要目的是快乐。如果随着财富积聚得越来越多，你却已经开始感到幸福渐行渐远，在这个临界点上，你的预算便不再服务于人生目标。

因此，一份成功的极简预算的关键在于，要最大化我们的快乐和幸福，最小化以金钱、时间、劳力和精力形式投放的资源。此中的要点是效率而不是节俭。我们要把每一分钱的功用更进一步发挥，更要要求自己仔细思量每一分钱的意义。如果一份预算可以把你在经济上和精神上的满足纳入考虑之列，那么这份预算将会更有效和更有意义。

奥斯卡·王尔德的建议似乎跟这个课题特别相关，且别具先见之明：“当你只剩下两便士，你可以把一个花在面包上，另一个花在百合花上。”他了解预算和价值的一些底蕴。他看重的，不仅是果腹的需要，还有他的灵感来源、他自身的幸福感，以及对于这个世界是一个瑰丽无比的地方的确信。

我们的目标不是更多的钱。我们的目标是要按照自己的意思过日子。

——克里斯·布洛根

## 极简预算的三个要素

### 1、金钱

常规预算里只有一个关键要素：金钱。我们会考虑到自己拥有多少收入和将会动用多少支出。为了确保不会入不敷出，我们会在收入和支出两者之间求得平衡。纵然金钱可以被赚回来，但我们能赚取的总会有最高上限，同时消费也一定会有最低限额。

## 2、时间

一份极简预算并非始于金钱，而是始于时间。时间是不能讨价还价的——每个人一星期只有7天，每天只有24小时。一切工作的基础都是以时间来换取金钱。你通过在工作中投入努力而把时间交换出去，然后用以换取收入。如果你是想运用那笔钱去让生命中余留的光阴更充实，那么这个交换是值得的。可惜的是，人们往往会忘掉时间与金钱之间的平衡，他们总是会抱着时间是无穷无限的而金钱是重中之重的观念，去作一切决定。

## 3、价值

大部分常规预算唯一欠缺的，是我们对收入和支出项目的主观价值。而这些主观价值正是我们能全然拥有和全权操控的东西。一个可以把价值融入生命的最轻而易举的方法，是去问问自己，如果去除价格和所投入的时间因素，每一样事物能够为你的幸福带来多少价值。你会随即知道，哪些东西才是对自己来说真正重要的。

比方说，如果你是手不释卷的爱书之人，你完全可以花30%的收入去买书，然后动用几乎所有闲暇去阅读。如果它们带给你莫大的喜悦和满足感，真真切切地反映出了它们在你生命中缔造出的价值，它们就理应继续留在你的预算之内。假如阅读对你来说并不太重要，那么降低分配到书本上的消费对你来说也不会是一大损失。要记得，我们并不是要把所有对自己的基本生活或人生幸福没有贡献的支出项目去除掉，而只是把非必要的还有属于乱块的东西修剪掉，好让我们把时间和金钱投放在真正能使我们快乐的事物上。

今时今日，人知道一切东西的价格，却不知道任何东西的价值。

——奥斯卡·王尔德

## 一份符合你需要的极简预算

我们已经探讨过极简预算背后的精神内核。极简预算的首要目的是要增加你的喜悦和幸福。这份预算以谨慎的消费和效率来定义。它不是要把所有东西移除，而是要把非必要的、不会为你的幸福和生活质量带来价值的东西去除掉。现在让我们一同去筹划出你个人的极简预算吧，我们可以通过以下的步骤来得到这份预算：

## 1、列出所有的进账和支出项目

首先要做的，是要了解你目前的经济状况。为简单起见，我们可以先看看一个月里的收入和支出。找出你所有的收入来源，然后把它们全部加起来，接着对所有支出项目也作同样的处理。你可能没办法为所有项目计算确切金额，但你可以给它们一个估算值来计算出总支出金额。于是很快可以看到，你的支出在收入范围内，还是已经超过了收入？如果是前者，你的目标是要看看能否削减非必要项目以减少支出。如果是后者，你的目标是要尽量在收入范围内生活，减少债务，当然也包括削减那些对你的幸福而言并非必要的项目开支了。

## 2、去掉零碎

我将去掉零碎称为筹划预算的首轮捕杀。仔细检阅非必要的支出项目，例如，那些你已经不会再去翻阅的杂志的订阅费、一些你已经不再需要的服务、已经几乎被你忘得一干二净的物品的自动转账费用等等。要知道你正在定期为它们付账。因为你已经不需要用到这些东西，甚至已经把它们忘得干干净净了，所以你也不会有任何留恋。这些全都需要丢掉。

## 3. 梳理剩下来的东西

现在去检查剩下来的必需项目，看看有没有任何非必要开支隐藏其中。要记住，你的必需项目清单中很可能会包括像房贷、水电费、储蓄和投资、衣物、杂货、交通，还有其他会为生活增值和帮助我们达成目标的东西。清单上的项目会随个人的需要和喜好因人而异。比方说，对于喜欢交际的人来说，餐馆就餐和参加派对的费用会是一类必需项目。

接着，梳理你的必需项目清单，审视一下你的房贷、储蓄和投资、水电费、手机话费和网络流量使用费等等，是否正在享用最优惠的套餐。就我的个人经验来说，当收费要提高的时候，那些公司通常会第一时间通知你；但是基于你的用户忠诚度和使用惯性，当有可以为你省更多钱的优惠套餐推出的时候，它们往往不会主动告知。所以，去作一些研究，致电给你的服务供应商，确认一下自己是否正在使用最优惠的套餐吧，这可是一件很值得做的事。通过两年一次或是每年一次的审核，你会惊讶地发现，最后省下的一笔开支着实可观。

## 4、金钱投入

我们接下来看看，需要在必需开支项目上投放多少资源。为每一项支出项目分配一个与总开支对应的百分比。比方说，如果你的总开支为1 000美元，房贷成本为200美元，那么要分配到房贷上的资金百分比便会是20%。

## 5、时间投入

现在为每样支出项目需要投入的时间作同样的分析。为每一样支出项目分配一个跟总时数对应的百分比。比方说，如果你总共有100个小时，你会把多少时间用于赚取支付房贷的钱？如果答案是40个小时，那么便把40%的时间分配给房贷。

## 6、附加值是多少？

我们在衡量附加值的时候，不但要看某项支出项目有多重要，还要看投放到这个项目上的资源是否以最具效率的方式加以分配。

让我们再看看房贷的例子。假如房贷占用了收入的20%，你投入了40%的时间去工作，赚取薪资还款，那么你从中得到一个合理的快乐水平吗？如果没有，你便要去调整投放在房贷上的金额和时间了。调整方法可以包括支付更高昂的房贷，去换取一个更怡人和让你更快乐的住所。或是相反，找一个更实惠的住所，避免自己在房贷上投入过多资源。

我有一个朋友，她跟我一样也是很讲究家居摆设的人，而且会花相当长的时间居家自处。她动用大约40%的收入在房贷上，投入50%的时间工作以偿还房贷。恰是因为她从家居生活中能够得到莫大的喜悦，所以这也是一种良好而积极的价值所在。我有另一个朋友，她的大部分时间都用来外出就餐和参加派对，她决定要在一个合租公寓里租一间便宜的卧室，以便把大部分资源分配到为她带来最多快乐的事情上：和朋友们共享在家以外的社交生活。

## 7、留意不在预算内的必需品

除了以上这些，还有一件重要的事需要处理。我们要找出没有反映在预算之内，但对我们的生活富有重大意义的，包括独处、与家人共聚、跟朋友相处，乃至做自己享受之事的时光。假如我们耗掉太多时间去赚钱来支付各种开支，我们大概不会有更多时间和精力留给所爱的人和热爱的事情。所以我们可以去看看是否需要检视开支以削减财务负担，还有想想可以怎样更有效地赚取收入，务求能保留更多时间给我们重视的人和事。

## 8、经济租金

在经济学中，有一个称为“经济租金”的概念。简单说来，这是一个高出生产要素价值的利益收入。你一旦决定好往后的人生要做什么了，便去做会带来最高经济租金的事情吧。但是如果一份工作能够给你快乐，不妨去接受那份比较微薄的薪资。因为就算是一张再丰厚的工资单，也无法抵消星期一到星期五都要做一份令你厌恶的工作所招致的痛苦。

**实践：**列出一份极简预算，以便对你的日常幸福感与财务状况之间的关系作出更好的认识。你对结果满意吗？如果不，要采取什么措施才能加以改进？

当事情开始变得不合理，取舍于是开始了。

——佚名

## 慎重消费

要使我们的财务状况保持健康稳定，我们要么赚更多钱，要么花少些钱。作为极简主义者，我们并不会回避消费。相反，我们对自己所消费的内容变得更为慎重。在把任何东西纳入生活之前，我们会一问再问，它们能否带来价值、帮助达成目的，或是为我们带来喜悦。慎重的消费是指在我们购买或消费任何东西之前，我们必须首先遵循自己的原则。

自从开始极简主义实践以来，我同时节约下了时间和金钱。随着需求的减少，我的购物活动也减少了。而随着我对自己的外在形象有了更清晰的认识，我每趟购物所花费的时间也大大减少了。

当你对消费行为变得敏锐和谨慎起来，深深知道要买什么和为什么要买，那么你在某种程度上对于广告宣传就算是免疫了。不然，你基本上是毫无戒备，甘于被市场营销的种种手段所左右，任它们把你的钱掠走。如果你能够实践慎重的消费，每次的消费都将会基于谨慎的选择和决定，而不是盲目受外界影响，鬼使神差地买下不必要的东西。除了只购买符合需求和带来喜悦的东西以外，你还需要更注重质量和价值，以免被折扣和降价品牵着鼻子走。如果你被引诱去选择数量而舍弃质量，想想本杰明·富兰克林的这句话："低价的好处被遗忘以后，低质量的痛苦会长久不散。"

在出门购物之前，你可以先预备一个计划，让一切保持简单，并且可以审视不同选择，把你的需要和资源牢牢记在头脑里。记住不要跟别人作比较，别人披上了某些品牌的衣服并不代表那些衣服一定适合你，或一定要被你穿上。不要光顾任何对你说"除非你穿上了某某和某某，不然你还是不够好"的店铺。避免在疲惫不堪、忧伤郁闷的时候踏进任何店铺，因为广告都会针对你的弱点和空虚感而大做文章。就像慰藉饮食或是在肚子饿的时候去大肆购买食物一样，你最终咽下和买下的，很可能比你真正需要的多得多。

用以交换每件东西的成本都是对生命的一部分消耗，可以是暂时的，也可以是久远的。

——亨利·戴维·梭罗

## 零负债生活

我开始极简主义生活的最主要原因是想要获得自由——去经历和享受轻盈的感觉，以及开放自己以迎接更多选择和可能性，让它们为我带来自由。正如我从未忘记完成乱块清理那一刻的感受，我也从未忘记彻底零负债的那一刻的那种排山倒海的轻松感。没有债务缠身的生活有数不尽的好处，但最终，这也是一个很个人化的决定。这个决定植根于你想要怎样度过你的一生，还取决于你对于身边事物与关系的优先次序。

自从我接纳了简约生活和极简主义，在两年前开始写博客以后，一篇题为“我已经零负债了”的文章一直是我最想写的题目。我不敢相信，自己终于有资格写出这篇文章了：我已经没有债务缠身，银行账户里终于有了钱。这种感觉相当超现实，而且过了两个月之后兴奋感还仍然没有消失。

自从大学毕业以后，我还是首次彻底实现零负债。“零负债”这三个字可以赋予我如此大的自由度、轻松感和自主权：一种可以任意探索诸多选择、做决策、追逐梦想的自由度；一种不再欠下一分钱，让自己直接受益的轻松感；一种我终于可以完全掌握我的财务状况和时间，并决定如何使用它们的自主权。那是一种我全然拥有自己每一样财物和资产的领悟感。这种感觉是溢于言表的。

在步入成年后，大部分人都会以不同形式负债，只是金额各异。学生贷款、信用卡债务、汽车贷款和房贷都是长大成人以及比别人走快一步的标志。我们在抵押未来，以换取一个更美好，但没能力负担的当下；寄望着将来可以勉强把那笔钱赚回来还款。可是很快，更好看的衣服、更新型的汽车、更大的房子又接连不断地向我们招手，最终使我们在债务的泥沼里越陷越深。

你可能会盼望升职加薪能让日子过得轻松一些，债台会越缩越小，但这又谈何容易呢！一旦得到更多薪资，为了配合被提升后的地位，我们会向往得到更闪亮的车子和更宽敞的房子。来吧，我们只需要留守在那份烦闷的工作岗位上再久一些，便可以追得上开支了。看到了吗？有钱反而会让我们落得更清贫，债台越垒越高——这是多么令人难以接受却又千真万确的事实啊！这就像是为了迁就更粗大的腰肢而买下一条更大号的裤子，谁知，因为腰部空间比之前宽松了，我们反而吃得更多！

我们以各种各样的方式消费，我并不是说消费就一定是坏事。所有人都需要衣、食、住，以及其他使我们活得更文明、舒适、快乐和有效率的东西。但盲目消费——我们冲动地购物，天真地希望它能够以种种方式满足我们渴望获得的快乐和目的——却是弄巧成拙。盲目消费只会使我们更依附于自己厌恶的工作，使我们距离真正的快乐和目标更加遥远。

大学毕业后，我也踏上了类似的轨道。我曾经在几家大企业里得到很好的工作，薪酬也非常可观，只是这些都是用超长工作时间、压力、越来越稀少的个人时间和越来越微弱的个人成就感换来的。周末在那段日子里变得很神圣，因为我会拼命利用那两天的宝贵时光去做我喜欢的事，花钱买下我想要的东西，为的就是要缓和一周里因为工作而堆积起的痛苦，暂时缓解一下周一便要重新投入那份磨人工作的恐惧。“星期日晚上的忧郁”并非杜撰，它对我来说是非常真实的切身体验。虽然每一次换新工作或升迁都会把更多的钱送到我的银行账户里，但是那些钱始终没法让我有“丰富”的感觉——尽管当时我已经跻身伦敦前10%最高收入人士的行列了。

那时候的我一直在买东西，不光是我需要的，还有我以为自己会需要以及想要的东西。我以前总是会想，如果我踏出家门，我一定要带一些东西回家，不管是什么都行，尽管我知道自己没有意愿或时间读报，但带回一份当天的报纸也会让那趟外出显得很值得。我在放假或出差的时候都会买东西，所以每次被派驻海外，我的家当一定会随之增加。每一个走进我家里的人都会觉得我的住所很舒适整洁，远不至混乱。但乱块可以是一个相对主观的概念。我拥有比我真正需要、真正所想要多得多的东西，它们不但正在耗费我的财富、掠夺我的时间，还堵塞了我的生活空间。为了缓解办公室生活的枯燥感，让自己快乐起来，我用我的血汗钱和信用卡去买东西。与此同时，我要留在那样的工作岗位上，因为我要支撑我的消费，为我的账单付账，然后我会再抓住下一个更大的工作机会，拿到更可观的薪水，买更多的东西继续麻醉自己，暂时逃离更大的痛苦和依旧无趣乏味的生活。这个循环不断故自重演。快乐转瞬即逝，我的消费越见庞大，对于自己的人生，我能够把握的时间和自主权越来越微小。

我依附在一份能够给予我可观薪水、帮我支付账单、让我沉溺在楚楚可怜的奢侈品的工作上，只是这份工作实在让我感到空虚。随着时间推移，痛苦延伸得更深，空虚回荡得更强烈。我终于下定决心，跟企业界道别，转而把时间投放在自己感兴趣并能带来喜悦、目标和价值的项目上。我觉得自己变得越来越自由、满足，而且快乐得多了。不过我还是得背起缴付账单的负担，还得面对“谋生”的问题。后来，我偶然间看到一篇有关“极简主义者”的文章，其中的内容让我惊叹不已。那感觉就像是有鳞片从眼前一片一片落下、有石头从背上被一下子提走一般，我整个人都被注入了希望、期待，感觉无比轻松——虽然听上去有点儿陈词滥调，但却是事实。这是一个我渴慕已久的无忧无虑的状态：零负债。现在说起来好像很简单，而那其实是一个牵涉不少艰难决定和不明朗因素的漫长持续的过程。所幸的是，我终于做到了，而我正在真切地怀抱着摆脱掉债务以后，那紧随而来的自由和轻松。

以下是我在实现零负债之后，在上面这篇文章之外又补写的：

这段文字是我在一家我最喜欢的本地咖啡馆里写出来的。这里是一个光灿灿的空间，由几位和蔼可亲的服务员驻场，他们会为顾客奉上一流的咖啡，还有由口味永远上乘的圣约翰餐厅烘焙的葡萄干蛋糕。跟大部分购买方式一样，我用现金买来了我的咖啡和蛋糕。今时今日我已经很少刷借记卡了，而我的两张信用卡在过去两个月里也从未离开过我的钱包，它们越来越显得多余。实实在在的现金让我可以更妥善地控制自己的支出，促使我更谨慎地购买和消费。我也常常问自己，某样东西买下来之后能不能为我的人生增值；考虑到我的自由和时间，某样东西是否值得我付出它的标签上标注的价钱。我查看了那些正在出售的房产信息。伦敦因为房产价格暴涨而抛出了琳琅满目的物业，心急如焚的买家被有限的供应量催迫着，而标价过高的房子则虎视眈眈地等待着买家上钩。我相信我会找到属于自己的理想家居的，一处会在最适当的时机出现、最适合自己的房子。置业的事是急不来的，而奇迹总会在你最意想不到的时刻发生。当那一处梦寐以求的公寓出现了，我将会用现金把它买下来——不再需要动用房贷和借款的支持。

我把目光转到咖啡师海伦身上，看她制作咖啡很让人上瘾：先是把咖啡豆研磨好，填入过滤器，然后把它送到咖啡机里，按下按钮，可以看到咖啡液被萃取到杯子里，扑鼻的香气就这样朝着我徐徐飘来。我一直对咖啡怀有浓厚兴趣，为把这一兴趣提升到更高层次，最近还报名参加了咖啡课程。开一家属于自己的书店兼咖啡馆的想法一直埋藏在我的脑海里，我正在等候适当的时机来将它实现。而且我现在已经有能力买下一家店铺了。也就是说，只要我想，我就可以付诸实现。假如我愿意的话，我还可以当个咖啡师，一天到晚制作精美的咖啡。以前，当咖啡师可不曾在我的考虑之列，因为我需要“赚取可观的收入”来支付我的账单，维持我的生活水准。但现在，完全没有负债这件事为我开辟了意想不到的新天地，我可以自由地选择并决定我想要走的路了。除了我自己，再没有别的东西可以阻拦我了。

你可以在我的博客“简约与极简”（simpleandminimal.com）上找到以上文章，那上面还有其他与简约生活和极简主义有关的文章。

一旦开始借贷度日，家庭生活便执意寻求自由与美好。

——亨利克·易卜生

## 维持零负债，过零负债的生活

债务可以分为良性的债务和不良的债务。有些人会认为所有的欠债都是不良的，所以不愿意跟债务扯上任何关系。就像追求极简主义一样，每个人对债务的看法和与债务的关系是非常个人化的，也是因人而异的。最主要的问题是，假如你计划借贷，你可以承受多少负债额？这会对你构成压力，让你彻夜难眠吗？会阻止你去过想要的生活吗？比如说，你是否正被捆绑在不喜欢的工作上，以致无法做渴望做的事？是因为这份工作能够让你支付每月的账单和还款吗？

如果一些债务是你能够轻松负担的，而且你认为这些债务所换回的东西是生活所必需的，那么不必考虑，你可以继续持有这些良性的债务。良性的债务可以包括负担得起的房贷，以及促进更高教育水平并获得新技能的学生贷款。除了这两种贷款，一切其他类型的贷款，例如信用卡债务和无抵押私人贷款都是不良债务，都需要作谨慎处理。就我自己而言，自从还清我的房贷后，我就作出了一个清晰的决定——我要用现金去购买我的下一幢房产，而且要零负债地生活下去。一切我需要的和想要的，将会完全依靠自己的钱去购买。

那么，一个人怎样才能削减负债，过上无债一身轻的生活？我相信已经有不少提供详细全面的债务削减方案的理财书籍可以为你提供意见。不过我还是列出了以下几件事项，可以让你着手减少和摆脱债务。

**谨慎消费。**如果你一直跟随着我们走上了这趟极简主义之旅，而你刚刚阅读过上一章，那么对于“这件东西能为我的人生增值并帮助我达成目标吗”这个问题，你就会很快明白它的重要性。在购买任何东西之前，你都会变得更在意也更深思熟虑。如果你做到了只购买你真正喜欢和需要的东西，你将肯定能够削减你的开支，而在这个过程中，你的债务也会随之减少。

**制订计划，坚持下去。**跟大部分工作项目一样，你需要一个计划来确保你的资源能以最具效率的方式分配出去，摆脱债务也并不例外。首先，计算出你的负债总额，找出债权人是谁，然后按优先次序去偿还贷款。有些人会更愿意先还清欠款额最少的信用卡，进而再偿还其他信用卡的最低还款额。另一些人觉得先付清最高利率的信用卡，然后如此类推地还款的方法最为有效。还有一些人认为最有用的方法是把所有待偿项目都放在一起，然后把一大笔收入专门用来还款。偿还债务的方式并不是绝对固定的，你可以选择最适合自己的方法。一旦你制订出一个计划，不要被干扰，记住要在削减债务这件事上专心致志，投放你所能负担的尽可能多的钱去尽快把债务还清。

**把所有多余现金用于还债。**摆脱债务是一个需要巨大决心和纪律的承诺。当你有多余的现金剩下来时，你可能会被某一天在商店橱窗里看到的漂亮毛衣吸引过去，想把它买回家。可是你要停下来想一想：你真的那么需要那件毛衣吗，让你宁可花更长的时间当债务的奴隶？

如果真想摆脱掉债务，你必须付出你的所有，把每一分每一毛多余的钱用于还款。越早能还清债务，你便越早能享有自由。是的，假如你出色地完成了工作，你可以鼓励自己，或是给自己一些小奖励，但谨记：要用实实在在的现金付账，而不要再把账单增加到你的债务上了。

**实践：**你有债务在身吗？如果有，这些债务是否正在帮助你实现自己的梦想？还是让你距离自己的梦想越来越远？

债务是加诸自由个体之上的奴役。

——佚名

# 第 7 章　构筑一个意想不到的生活

## 赋予生命意义

如果我问你，中了彩票头等奖之后会做什么，你很可能会这样说：把债务还清、买下理想中的房子和车并与爱人分享、把一部分奖金捐给慈善机构、辞掉工作、把人生转变成一段永无止境的假期……这些全都是妙极了的主意，尤其是那个要一直度假的点子。可是然后呢?

告诉你，我曾经无所事事地在海边住过一个月。那里碧空如洗，日暖风恬，印度洋风光旖旎，椰树在慵懒摇曳，整片白茫茫的沙滩归我一人独享。我真正地在过着游手好闲者的生活，我喜欢给自己一个说法——受启示的游手好闲者。意思是那次的悠闲假期不光是无所事事，而是富有目的的。不过，最初的一个星期还挺美好，之后我便开始觉得有点儿无聊了。在整个假期里，我没有什么时间上和经济上的束缚，但渐渐的，我开始有些想从中得到更多。

难道是一下子得到太多好东西了吗？还是我们在生命中，都会倾向于去发掘更多，会自然而然地想要为我们的存在找出更深层的意义和目的？我们都读到过一些统计数据，告诉我们有钱能够使生活更轻松，但并不一定会带来快乐。对于什么能使我们快乐和满足，每个人都有不同的定义。对某些人来说，那可能是钱，但请记住，金钱只是达成目的的工具。对其他人来说，可以是打拼出一家成功的公司、找到一份理想工作，或是为别人的幸福作出奉献。

在心底，我们都希望能感到，我们的所作所为是比我们自身的生命意义更大的整体的一部分。世界浩瀚广阔，我们只是万千演化中的沧海一粟。不论力量多微弱，我们都希望在这段短暂而有限的生命中为世界缔造光明和改变。只要你怀有正确的心态，无论在何等情况下，你都能够找寻人生的目的和意义。

离开企业界的工作之后，我开始了一次悠长的“学术假期”，目的是要想出新的商业理念，为自己找寻新的努力方向、生活目的，以及一些有意义的人生宗旨。但是那些

懒洋洋地躺在海滩上的日子并没有帮我达成多少初衷，当假期步入尾声的时候，我才终于惊觉，自己一直在找寻的竟然近在眼前。

有的时候，我们仅仅意识到了，答案不是我们一直以来所期待的，就摆脱原来的环境去寻找答案。而有的时候，答案正摆在我们的生活之中。将我从焦躁不安的情绪中解救出来的，不是更多的无所事事和晃来晃去，而是一个顿悟：我需要工作和作出奉献，为的是能够让生命具有意义，服务于生命的目的和价值。我们每个人都会工作和奉献社会，但满足我们的并不是工作本身，而是工作背后的原因和工作方式。

当前的许多心理学学说纷纷主张，人类的动机与寻求快乐有关。而根据备受称颂的心理学家维克多·弗兰克所说，我们真正寻求的是人生的意义，我们要寻见这个意义的方法不是用物质去麻痹自己，让自己沉溺在物质里，而是去做重要的事。对弗兰克来说，当他在第二次世界大战期间被关押在纳粹集中营的时候，对于活着的意义的重要性的确信是让他活下去的动力。他因关押而中断的正在撰写的书，还有再次见到妻子的强烈渴望，都是让他从死亡边缘成功熬过来的原因。

给予我全新目的感的，是一些能够与我的热情保持一致、允许我去超越自己并贡献自身的东西。极简主义改变了我的人生，而我希望把其中的益处分享给大家。这几年来我一直在撰写和更新有关我的极简旅程的博客，而它也在不断地蓬勃成长。我决定以博客为基础，投放我的时间和资源去建立一个社群（livewellwithless.com），借以启发和帮助其他人过一种少而丰盛的生活。这本书正是成果之一。做自己喜欢的事是一种自由，喜欢所做的事更是一种幸福。最大的胜利是能够去发现、创造，和以一个最深刻真实的自己去跟世界连接起来——一个有益有利、丰富充实、可持续发展的事业机会。

每个人都有一个与生俱来的目的，我们为了要达成这个任务而被设计成今天的样子，而你的人生目标就是要找到这个目的——它不存在于外面世界的某个角落，它就隐藏在你正在经历的人生里。借用弗兰克所说的，我们不只想快乐，我们想要一个快乐的理由。如果你能领悟这个真理，其实你已经中了生命中的彩票大奖了。

**实践：**你已经发现你人生中的目的和意义了吗？如果还没有，想想可以给你带来幸福和快乐的人和事。这些人和事足以给你带来意义，并为你的生活带来目的感吗？

生命的目的在于发现你的天赋。生命的功课在于提升这一天赋。生命的意义在于分享你的天赋。

——戴维·维斯科特

## 设定使命

那么，我们要做些什么才能度过更有意义的一生？我们的哪些价值、目标和梦想能够让我们的人生更完满和更有意义？我们要如何让人生变得不平凡？要弄清我们真正想要成为什么、想做什么，其实没有听起来那么简单。大部分人终其一生未曾真正找寻过，最后就这么不假思索地得到一份职业或工作。

除非你找到了生命中的使命和目的，而它们也能在经济上支持你，否则你现在在做的工作并不代表你。你本来要活出来的那个自己大概还待在身体里面，努力想要跳出来表明自己，却被现实的日常生活和谋生压力打压下去，让你在这一过程中变成一个不愉快和不满足的人。

极简主义能帮助你发现自己的价值、目标和梦想——

一些碍于你目前的生活状态而没有时间、空间和自由被彰显出来的东西。极简主义促生了谨慎熟思的生活，不断地探索什么才会带来价值、什么才别具意义、什么才是无关痛痒。你一旦能找出真正有意义的东西，你便会开始知道应该为生命带来什么，继而把它实现。你于是可以放弃所有不相关的东西，因为你会认清它们只是乱块，一些阻挡着你去过理想人生的绊脚石。

正像凯特·卡朋特在她的《伊纳夫》一书里贴切地形容的那样，你想“做”的会是个动词；你想“成为”的会是一个形容词；你想“拥有”的会是一个名词。所以，什么东西会让你热情洋溢、兴奋无比？你的目的和使命是什么？最终，你想从生命中收获怎样的感受？

一个人的热情不是被先天安排好的，它更不可能是永久的、终生的，或仅限于单一方向的追求。只要跟我们的信念和价值观一致，我们可以对任何东西怀有热情。就像人生一样，热情是会改变和演进的。要发掘出你的热情，一个有效的方法是去想想有没有什么活动能完全地捕获和聚焦你的意志，让你专心致志到对四周的事物和时间的流逝全然忘却。如果有的话，那便是你的爱好，它至少会停留一段时间，或是在你人生的特定阶段里出现。

当你完全沉浸在一项任务中的时候，其实你是在做一件能够让你的热情与天赋彻底契合的事情。当这种情况发生时，你便已经找到你的使命了。像爱好一样，使命并不是预先安排好的，而它也不常被轻易找到或追寻到。但当你找到一些东西——任何东西都行——是让你富有热情的，而你已把它塑造成人生的使命，你就会在所做的工作中收获巨大的喜悦和奖励。找寻你的使命，活出这一使命——即便刚开始无法全然投入或是偶尔为之也好——会让你实现人生的目的和潜能，最终为你带来无比快乐。

在《心流》一书中，心理学家米哈里·契克森米哈对一种幸福状态进行了研究，这种状态由高度集中的注意力所推动，他称之为“心流”。达到“心流”状态的关键标志是，伴随着时间的流逝而感觉到全然满足。当一个人完全沉浸于眼前所做之事的时候（例如，作曲或演奏），就失去了对时间的意识，也更容易忘记痛苦。这种高度沉浸的状态非常罕见，往往出现在我们减少或完全去除分心之事和不重要的事之后。“心流”涌现的时刻，我们得以感受幸福。

我相信，一旦你可以做自己喜欢的事并以此谋生，你便得到了自由；当你喜欢你为之谋生的工作，你便得到了快乐。通常，喜欢自己的工作的人会把他们的工作称为“自己的使命”。一个人的使命是用无数个埋头苦干的工时培养出来的——从来不是轻而易举地被发现，或是偶然碰上的。

我的人生目的是去经历少而丰盛的生活，我的使命是去把我的心得，通过我的具启迪性的事业机会（博客、书籍、极简主义教学）与别人分享。

**那么，你的又会是什么？**

我人生的使命不单纯是要生存，而是要蓬勃生长，并浇灌上一点热情、一点同理心、一点幽默和一点个人风格。

——马娅·安杰卢

## 向外传递

快乐是一种我亲身经历过的体验，它是通过活出有意义的人生而获得的。有意义的人生是一种着重于真正重要的事物之上，并会给予我们喜悦的人生；它是一种充满了自由和启发，让我得以成长并以有意义的方式对别人作出贡献的人生。

快乐的基石是成长与贡献，而不是物质。没有成长与贡献，我们的生命会停滞下来，仍然维持微小。

假如我们不伸展出去，我们便不会成长。如果不刻意地伸出手去帮助和服务他人，我们只是活在人生的迷你版本中而已。我们会被局限在由金钱、地位和所谓“成功”的其他标准打造出的框架里，而这个框架正是社会和文化安置在我们身上的期望。

极简主义者用一道简单的算式勾勒出成功：

快乐＋持续改进＋贡献＝成功

生命包含了大量的领受，同时也包含着付出——正如一枚硬币的两面，我们的领受和付出一定要取得平衡。如果人们能够回馈出他们领受过的同等分量，甚至给予比他们领受的要多，那么世界就能变得更美好。可惜，目前的世界是失衡的。我们把时间浪费在掠夺能源以及其他天然资源上，而贪婪被认为是可以接受的，甚至被某些人和团体美化了。一个失调失衡的世界明显是不可持续的。

**实践：**无论用什么方式，你能回馈给这个世界些什么，可以让她变得更美好？

唯有领悟到真诚无私的力量的人，才能体验到生命最深邃的喜悦：真正的满足。

——安东尼·罗宾斯

## 极简主义者的一天

那么，极简主义者的生活会是什么样？与非极简主义者的生活有什么差别？我想答案可以说有相似，也有不同。做一个极简主义者并不会让人生从此摆脱高低起伏。极简主义的目的是要让我们的人生更加愉快和满足，并以种种方式使之不平凡。它为我们提供了一系列信念、价值观和习惯，以促成一个更具主动性并会作出谨慎决定的人生。

一个不平凡的人生不会从天而降。像任何杰出的艺术作品一样，我们需要用时间和努力去悉心构思、精心刻画并加以修饰。它涉及多个改变生活的决定，包括了无数个大大小小的日常决策。这些决策不但会针对你的信念、价值观、希望纳入生活的东西提出诘问，还会关涉金钱、健康和成长的问题。这些决定聚积起来，形成了极简生活的基调和元素，而这样的生活是意想不到的，也是足以让人引以为傲的。

* * *

自从离开了企业界的工作，我开始创建自己的事业。我不再有一套需要恪守的外部规则，取而代之的，是让我的一天为之安心的老规矩和习惯，而剩下来的一切，则任由灵感、优先次序和机缘去塑造。

下面就是我具有代表性的一天。

我一向是个夜猫子，后来才感受到早起带来的精神清爽的益处。早起让我的一天变得更长，让我在一天里做起事来更有效率。睡眠对于一天的质量有格外重要的影响，所以就算睡不到8个小时，我每晚也一定会睡够7个小时（以往睡6个小时甚至更少还能生龙活虎的日子已经一去不复返了）。所以，如果想早点儿起床，我一定要让自己早点儿上床睡觉。很久之前我就放弃了晚上11点睡觉、早上7点左右醒来的习惯，长期以来的作息时间维持在凌晨2点到早上9点，所以一下子回到从前只会注定失败。我现在做的，是去适应一个提早15分钟就寝、提早15分钟起床的模式，连续重复几天，然后提早30分钟上床睡觉、提早30分钟起床，依此类推。这样的过渡更为渐进可行。

早上的习惯是保证一天的生活质量和成就的关键。我会先用5分钟对自己的生活和一天里的安排做一小段默想，然后做10分钟的运动。淋浴以后，再享用一份小小的早餐。我对高品质咖啡有特别的需求。通过早已设定好的冲泡流程，不但能泡出更美味的咖啡，还能令我好好欣赏手中的这杯饮料。我全神贯注于每个步骤，从灌满水壶，把咖啡豆放进过滤器，到浅酌第一口，醉心于咖啡的馥郁香气和丰富口感。

就这样，我会边喝咖啡边开始我的“静穆时刻”——大约15分钟的冥想和原则确认。然后是半小时到一个小时的日常笔记、检查电子邮箱、投资、整理好几件行政事务、浏览几个重要网站。每天早晨的这些习惯帮我把一天安排得井井有条，然后，一天里余下的时光就可以好好做我手头上的项目、被启发去做的事，还有去想去的地方了。

因为我正在着手撰写这本书，所以我花了接下来的两个小时写作。我无时无刻不被吸引去检查邮件、浏览网页和查看Facebook。有时候我的确让自己专注在写作上，但也有好几次我向诱惑屈服了。我正在尝试番茄工作法——一个手机应用程序，它会帮你计时，让你工作25分钟，然后提示你休息5分钟。到目前为止，实验还挺有成效。它帮我专注于写作，还能让我期待在5分钟的休息时间去冲一杯饮料，或是无忧无虑地浏览网站。休息结束后，我又回到25分钟的工作时段里了。我仍然在努力学习让自己保持专注。

接下来是外出。有一次，我到城里去察看下一场伦敦极简主义者会面的场地。那场活动需要更大的场地，因为我们邀请了广受好评的《慢运动》的作者来演讲。自从几年前开始了极简主义的实践，我从这套崭新的生活方式中收获了非常多的益处。带领一个极简主义者小组是我回馈外界的方式，它还成了再好不过的平台，让越来越多对少而丰盛的生活存有渴望的人，以及正在实践这种生活方式的极简主义者可以彼此认识。

另外，假如我出现在伦敦市中心，我必定会去拜访两个我最爱的地方：福也尔书店和英国国家美术馆。现在，我爱书已经是一个公开的秘密，面对着美丽的书店，我会立刻变成朝着花蜜振翅飞扑过去的蜜蜂。我仍然会买书，因为它们会为我带来层出不穷的喜悦和启迪，但现在的我更为节制。以往我总会抱着好几本书离开书店，而现在如果我找到合适的书，我只会买一本，然后把整本看完才会买第二本。这样有助于我更专注于一本书，让我更能欣赏它。我想，一个人拥有好东西也真的会拥有得过量，连书也不例外！

今天我购买的不是书，而是*Kinfolk*——一本制作精美，关注简约生活、社团建设、与所爱的人共度美好时光的时尚杂志。碰巧，新一期的主题是本质主义，为我们重视的人和事而聚会。我刚好正在做能够带给我快乐的事：在书店的咖啡馆里边喝咖啡，边仔细阅读杂志，还享用了一份轻午餐。

每当我来到这个街区，我也会特地留出至少半个小时拜访国家美术馆。一幅画接着一幅画地欣赏、一个艺廊接着一个艺廊地走，这样的参观方式已经是很久以前的事了。我奢望可以把一切美好尽收眼底，但多如满天星斗的画作，和长时间步行造成的疲惫却叫我失望。所以现在参观的时候，我只会浏览我喜欢的画家和画作。今天，我径直走到加纳莱托的艺廊，他那些威尼斯画作的精细度和绘画技艺简直无以匹敌。我慢慢地观摩和欣赏加纳莱托艺廊里的每一件作品，我想，没有人会对精湛的艺术作品言倦。

回到家后，我决定要伴随着戴夫·布鲁贝克的爵士风音乐，制作一顿简单的金枪鱼和凤尾鱼意大利面。对我来说，爵士乐是属于夏天的，古典乐则属于冬天。整个烹饪过程——切碎、搅拌和煎煮——是一段既具治疗性又能促使人默想的时间，于是我从容不迫地逐一完成。我总是相信，如果在烹饪的预备过程中投入了爱与灵感，食物最终呈现出来的味道会更为入味，也更加迷人。一天里的这个时刻，我已经不用再去任何地方了，而且因为我没有电视机，我也不需要追看任何电视节目。晚餐时段是我同我的伴侣共享美好时光、分享彼此一天里的生活的时候。在一天快要结束之际，我拾起书，直读到困意向我招手。

这是美妙的一天。我完成了一些工作，而拜访书店和美术馆也为我带来了喜悦和灵感。这不是忙碌的一天，但却有足够的内容去把它变得格外有趣。最重要的是，这一天过得符合我的心意，让我觉得充实、值得。

当以极度简约的方式生活的时候，我们会活得更有知觉。

——弗朗辛·杰伊

# 第 8 章　结　语

## 可资借鉴的重点

- 很多人即使经历了更多、拥有了更多、做了更多，也始终无法获得快乐和满足。因此，拥抱极简主义，活出少而丰盛的生活，可能是他们想要的答案
- 成为极简主义者是一种喜悦，而不是匮乏。它既个性化又无既定标准——其多与少之间的平衡因人而异
- 极简主义让人更看重那些能带来喜悦、价值和有助达成目标的东西，它涉及对我们而言真正重要、生命不可或缺的必需之物
- 所有不必要的东西都是乱块，乱块可以是任何在物质上、精神上、情感上，把你和你的理想生活分隔

开的阻碍

- 把必需品从乱块中区分出来的时候，记得问自己："这件东西会带来价值、帮我达成目标并带给我喜悦吗？"
- 我们只有一次生命，鼓起勇气做真正的自己。你的幸福和成就只能由你来定义和构筑
- 经由极简主义开拓出的空间可以让你的真正爱好、使命和人生目标得以显现，它会引导你去获得更多的喜悦和满足感，以及一个意想不到的人生
- 以更多的喜悦、灵感、意识和满足感去经历生活，少而丰盛的生活正是与此有关的

# 在线资源

## 网站

- Live Well with Less: livewellwithless.com
- The Story of Stuff: storyofstuff.org

## 博客

- Simple and Minimal: livewellwithless.com/blog/
- The Minimalists: theminimalists.com
- Miss Minimalist: missminimalist.com
- Zen Habits: zenhabits.net
- Becoming Minimalist: becomingminimalist.com
- Be More With Less: bemorewithless.com

# 注 释

## 前言

David G. Myers, "The funds, friends, and faith of happy people", *American Psychologist* (Jan. 2000, Vol.55, No.1).

## 第1章

Kate Carpenter, *Enuff* (International: Amazon Publishing, 2012), quote.

Dave Bruno, *The Hundred Thing Challenge* (US: William Morrow, 2011), quote.

Allen Saunders, "Quotable Quotes", *Readers Digest* (Jan. 1957), quote.

## 第2章

James Wallman, *Stuffocation* (UK: Penguin, 2016).

Kat Stoeffel, "You only wear 20% of your wardrobe regularly", *The Cut* (April 2013).

James Wallman, "The hazards of too much stuff", *BBC Magazine* (Jan. 2015).

Jeanne E. Arnold, Anthony P. Graesch, Enzo Ragazzini, and Elinor Ochs, *Life at Home in the Twenty-First Century: 32 Families Open Their Doors* (US: UCLA Cotsen Institute of Archaeology Press, 2012).

Jon Mooallem, "The Self-Storage Self", *The New York Times Magazine* (Sept. 2009).

Chuck Palahnuik, *Fight Club* (US: W. W. Norton & Co, 1996), quote.

Peter Walsh, *It's All Too Much: An Easy Plan for Living a Richer Life with Less Stuff* (UK: Simon & Schuster, 2008), quote.

## 第3章

William Morris, *Hopes and Fears for Art: Five Lectures*

*Delivered in Birmingham, London, and Nottingham, 1878–1881* (1882), quote.

Banani Ray and Amit Ray, *Awakening Inner Guru* (International: Inner Light Publishers, 2010), quote.

Marie Kondo, *The Life-Changing Magic of Tidying: A simple, effective way to banish clutter forever* (UK: Vermillion, 2014).

Joshua Becker, "Don't just declutter, de-own", *becomingminimalist. com*, quote.

Carpenter, *Enuff*, quote.

Leo Babauta, *The Power of Less* (UK: Hay House, 2009), quote.

## 第4章

Steve Jobs, Commencement speech at Stanford University (2005), quote.

Greg McKeown, *Essentialism: The Disciplined Pursuit of Less* (UK: Virgin Books, 2014), quote.

Carl Honoré, *In Praise of Slowness: How a Worldwide Movement is Challenging the Cult of Speed* (US:

HarperCollins, 2004), quote.

Henry David Thoreau, *Letter to Harrison Blake* (16 November, 1857), quote.

Timothy Ferriss, *The 4-Hour Work Week: Escape the 9-5, Live Anywhere and Join the New Rich* (UK: Vermillion, 2011), quote.

Eckhart Tolle, *The Power of Now* (UK: Yellow Kite, 2011), quote.

Tolle, *The Power of Now* 180.

## 第5章

Joshua Fields Milburn and Ryan Nicodemus (The Minimalists), *Essential: Essays by The Minimalists* (US: Asymmetrical Press, 2012), quote.

Ellen Hopkins, *Fallout* (US: Margaret K. McElderry Books, 2013).

Leo Babauta, "Expanding the envelope: A method for beating anger", *zenhabits.net*.

## 第6章

Barack Obama, Inaugural speech on Inauguration Day (20 January, 2009), quote.

Milburn and Nicodemus (The Minimalists), *Essential*

Chris Brogan, *Trust Agents: Using the Web to Build Influence, Improve Reputation, and Earn Trust* (UK: John Wiley & Sons, 2010), quote.

Oscar Wilde, *The Picture of Dorian Gray* (Lippincott's Monthly Magazine, July 1890), quote.

Henry David Thoreau, *Walden* (US: Ticknor and Fields, 1854), quote.

Henrik Ibsen, *Prose Dramas* (US: Wildside Press LLC, 2007), quote.

## 第 7 章

Viktor Frankl, *Man's Search for Meaning: The Classic Tribute to Hope from the Holocaust* (UK: Rider, 2004).

David Viscott, *Finding Your Strength in Difficult Times: A Book of Meditations* (Europe: McGraw-Hill Education, 2003), quote.

Carpenter, *Enuff*, quote.

Mihaly Csikszentmihalyi, *Flow: The Psychology of Happiness* (UK: Rider, 2002).

Maya Angelou, *Facebook post* (2011), quote.

Milburn and Nicodemus (The Minimalists), *Essential,* quote.

Anthony Robbins, *Awaken the Giant Within: How to Take Immediate Control of Your Mental, Physical, Emotional and Financial Life* (UK: Simon & Schuster, 2001), quote.

Francine Jay, *The Joy of Less* (US: Chronicle Books, 2016), quote.